周 期 表 (2021)

■■■ 超重元素

■■ 2015年12月30日にIUPACが承認した元素

9	10	11	12	13	14	15	16	17	18
									ヘリウム 2 **He** 4.003
				ホウ素 5 **B** 10.81	炭 素 6 **C** 12.01	窒 素 7 **N** 14.01	酸 素 8 **O** 16.00	フッ素 9 **F** 19.00	ネオン 10 **Ne** 20.18
				アルミニウム 13 **Al** 26.98	ケイ素 14 **Si** 28.09	リ ン 15 **P** 30.97	硫 黄 16 **S** 32.07	塩 素 17 **Cl** 35.45	アルゴン 18 **Ar** 39.95
コバルト 27 **Co** 58.93	ニッケル 28 **Ni** 58.69	銅 29 **Cu** 63.55	亜 鉛 30 **Zn** 65.38	ガリウム 31 **Ga** 69.72	ゲルマニウム 32 **Ge** 72.63	ヒ 素 33 **As** 74.92	セレン 34 **Se** 78.97	臭 素 35 **Br** 79.90	クリプトン 36 **Kr** 83.80
ロジウム 45 **Rh** 102.9	パラジウム 46 **Pd** 106.4	銀 47 **Ag** 107.9	カドミウム 48 **Cd** 112.4	インジウム 49 **In** 114.8	ス ズ 50 **Sn** 118.7	アンチモン 51 **Sb** 121.8	テルル 52 **Te** 127.6	ヨウ素 53 **I** 126.9	キセノン 54 **Xe** 131.3
イリジウム 77 **Ir** 192.2	白 金 78 **Pt** 195.1	金 79 **Au** 197.0	水 銀 80 **Hg** 200.6	タリウム 81 **Tl** 204.4	鉛 82 **Pb** 207.2	ビスマス 83 **Bi** 209.0	ポロニウム 84 **Po** (210)	アスタチン 85 **At** (210)	ラドン 86 **Rn** (222)
マイトネリウム 109 **Mt** (276)	ダームスタチウム 110 **Ds** (281)	レントゲニウム 111 **Rg** (280)	コペルニシウム 112 **Cn** (285)	ニホニウム 113 **Nh** (278)	フレロビウム 114 **Fl** (289)	モスコビウム 115 **Mc** (289)	リバモリウム 116 **Lv** (293)	テネシン 117 **Ts** (293)	オガネソン 118 **Og** (294)

ユウロピウム 63 **Eu** 152.0	ガドリニウム 64 **Gd** 157.3	テルビウム 65 **Tb** 158.9	ジスプロシウム 66 **Dy** 162.5	ホルミウム 67 **Ho** 164.9	エルビウム 68 **Er** 167.3	ツリウム 69 **Tm** 168.9	イッテルビウム 70 **Yb** 173.0	ルテチウム 71 **Lu** 175.0
アメリシウム 95 **Am** (243)	キュリウム 96 **Cm** (247)	バークリウム 97 **Bk** (247)	カリホルニウム 98 **Cf** (252)	アインスタイニウム 99 **Es** (252)	フェルミウム 100 **Fm** (257)	メンデレビウム 101 **Md** (258)	ノーベリウム 102 **No** (259)	ローレンシウム 103 **Lr** (262)

核図表 ≫ p.24

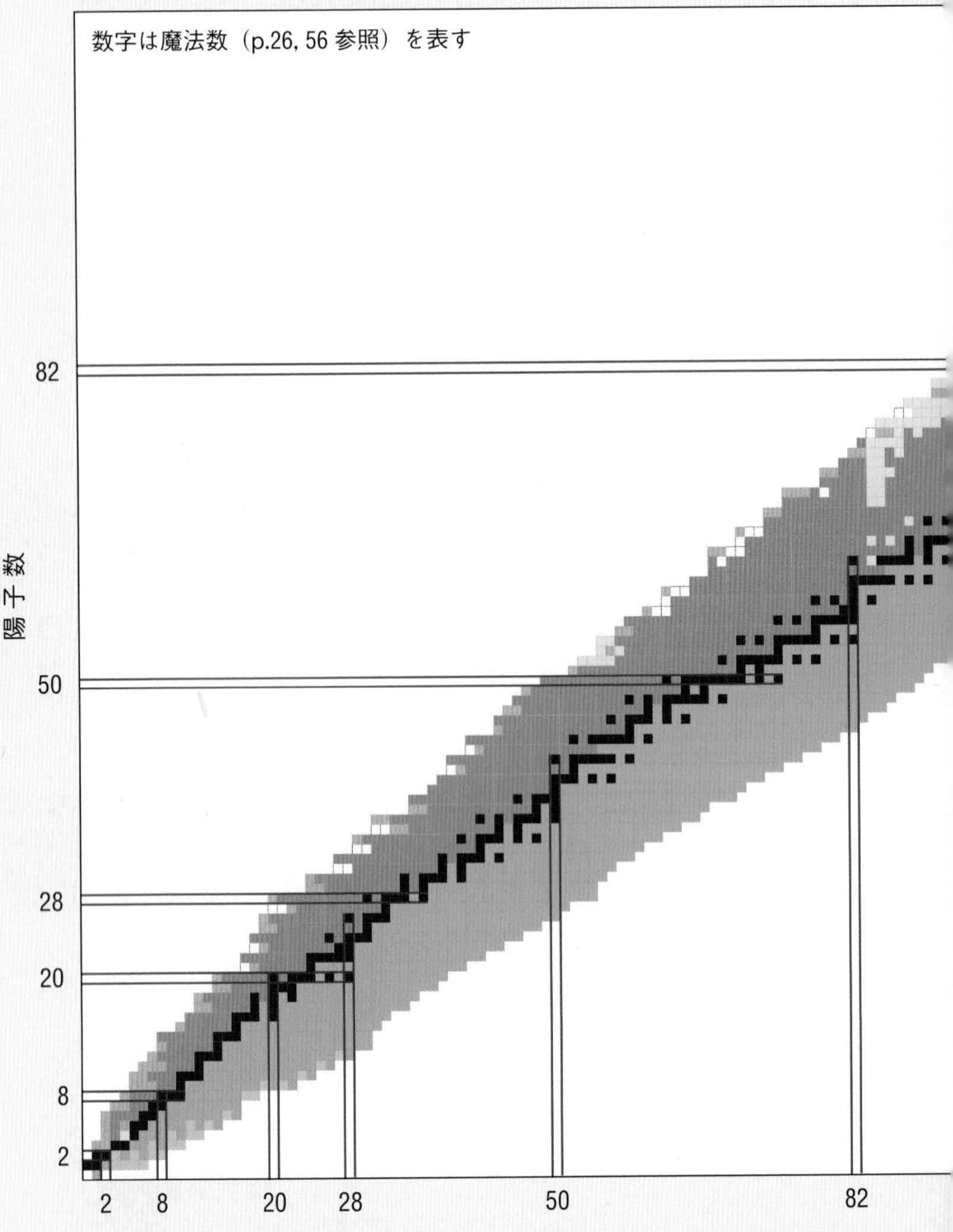

［Z. Sóti, J. Magill and R. Dreher,

新元素ニホニウムはいかにして創られたか

羽場宏光 著

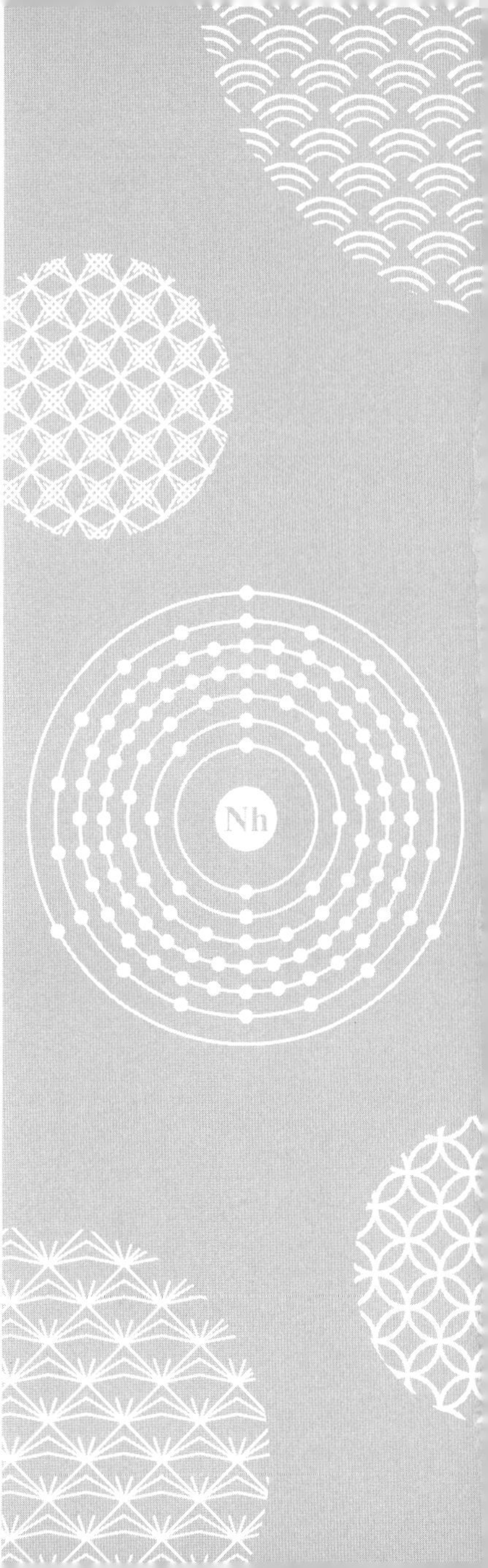

東京化学同人

はじめに

二〇一六年末、日本の名を冠した新しい元素「ニホニウム」が誕生しました。ニホニウムは、理化学研究所（理研）の研究グループが人工的につくり出した原子番号113の新しい元素です。113番元素の探索実験は、埼玉県和光市にある理研の重イオン線形加速器を用いて、二〇〇三年九月から二〇一二年八月まで、九年間もの歳月をかけて行われました。この期間に合成されたニホニウムの原子の数は、わずか三個です。113番元素の探索実験は、日本、ドイツ、ロシア-米国連合の熾烈《しれつ》な競争下で行われました。

二〇一五年の大晦日《おおみそか》、わが国の科学史上、記念すべき瞬間が訪れます。国際純正・応用化学連合（IUPAC《アイユーパック》）は、113番元素発見の優先権が理研の研究グループにあると認めたのです。研究グループは、113番元素の名として、日本の国名にちなんだ「nihonium（ニホニウム）」、元素記号として「Nh」を提案しました。この提案は、二〇一六年一一月三〇日、正式にIUPACに承認されました。元素周期表に永遠に輝く日本初の新元素、ニホニウムが誕生したのです。

幸運なことに、筆者は二〇〇二年に理研に入所し、この113番元素探索プロジェクトに参加することができました。本書では、「アジア初、日本発」の新元素となったニホニウムが誕生するまでの山あり谷ありの道のりを紹介します。

まず第1章では、現在までに一一八種類も知られている元素の発見と周期表についてみていきましょう。ニホニウムは、人類が二つの原子核を融合させるという原子核反応によってつくり出した人工元素です。元素の人工合成を学ぶため、第2章では、原子や原子核の仕組み、同位体や核図表について説明します。そして、第3章では、原子核反応を利用した新元素の人工合成法を解説します。同時に、人工元素の歴史もみていきましょう。

ところで、日本人による新元素探索はニホニウムが最初ではありません。ニホニウムから脱線しますが、第4章では、幻の日本発の新元素となったニッポニウムと93番元素について紹介します。

いよいよ第5章からは、原子番号104以降の超重元素を取上げます。超重元素の原子核はとても壊れやすいので、二つの原子核を融合させるときにコツがいります。第5章では、超重元素のつくり方を指南します。そして第6章と第7章で、理研の研究グループによる113番元素の探索実験について詳しく説明します。

なお、第二次世界大戦以降、新元素の探索実験は国の威信をかけた熾烈な競争下において行われてきました。米国、ロシア、ドイツの研究グループによる新元素合成実験については、第8章で紹介します。

新元素の発見が公式にＩＵＰＡＣに認められると、発見者には元素の命名権が与えられます。第９章では、ニホニウムをはじめとして、新しい元素の命名について述べます。

二〇一六年、ニホニウムほか第７周期の元素が出そろい、現在の周期表（口絵参照）には、原子番号１の水素から118のオガネソンまで、一一八種類の元素が規則正しく並べられています。元素はいったいいくつ存在するのでしょうか？ 周期表は今後どのように進化していくのでしょうか？ 第10章では、原子番号119以降の新元素探索について説明します。

ところで、次々発見される新しい元素はどのような性質をもっているのでしょうか？ われわれの身のまわりで何の役に立つのでしょうか？ 最後に、第11章で、専門的な内容にふみこんで新元素の化学的性質や応用の可能性について考えてみたいと思います。

目次

第１章　元素の発見と周期表

ニホニウム発見の地となった埼玉県和光市は、日本初の新元素となったニホニウムを記念し、二〇一六年一二月、和光市駅から理化学研究所（理研）和光事業所までの道路を「ニホニウム通り」と名付け、原子番号１の水素から118のオガネソンまで、一一八枚の元素プレートを設置しました。図１・１は、それぞれ亜鉛、ビスマス、ニホニウムの元素プレートの写真です。すべての**元素**には、名前（**元素名**）、**元素記号**と**原子番号**があります。元素記号には、一文字ないし二文字のアルファベットが用いられています。亜鉛は「Zn」、ビスマスは「Bi」、そしてニホニウムは「Nh」です。元素記号は、元素を表すための世界共通の記号です。原子番号は、元素の背番号のようなもので、元素記号と同様、この番号だけですべての元素を区別すること

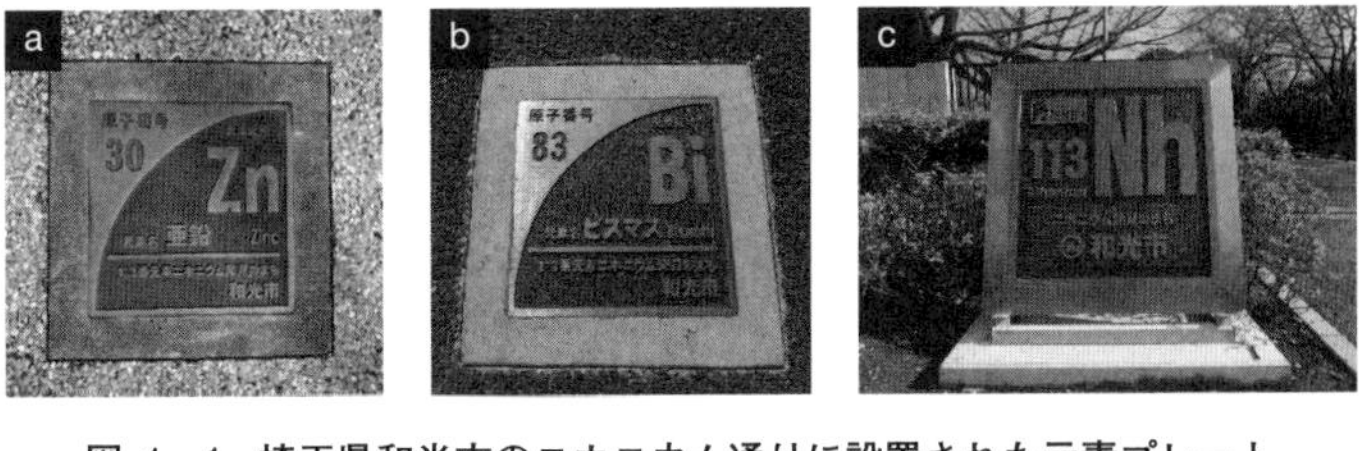

図 1・1　埼玉県和光市のニホニウム通りに設置された元素プレート
亜鉛（a），ビスマス（b），ニホニウム（c）の元素プレート．

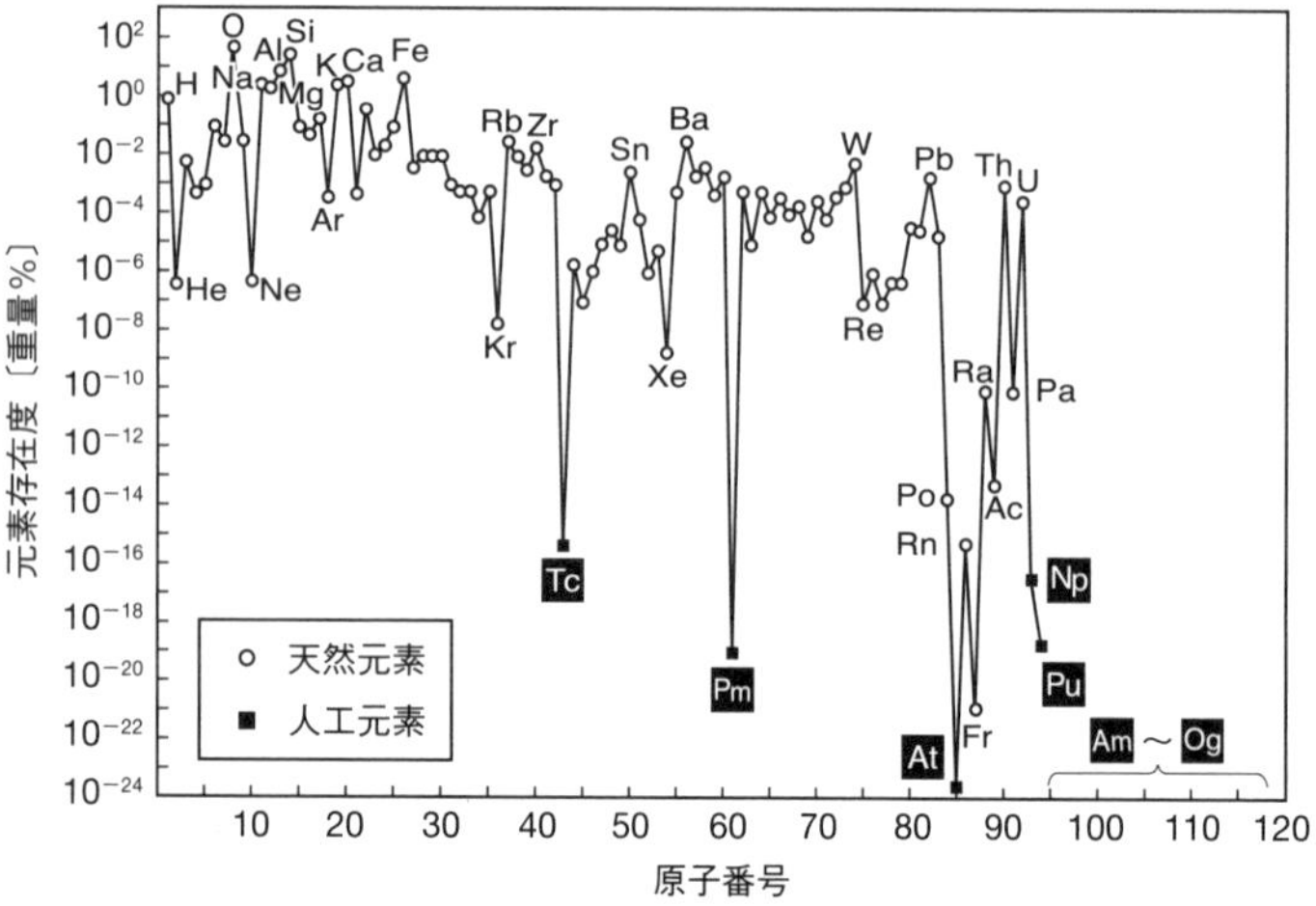

図 1・2　地球の地殻（地下 16 km），**海と大気における元素の存在度**〔E. Fluck, K. G. Heumann, “Periodic Table of the Elements”, 4th ed., Wiley–VCH (2007)〕

ができます。図1・1にみられるように、亜鉛の原子番号は「30」、ビスマスは「83」、ニホニウムは「113」です。

現在（二〇二一年一一月）、一一八種類の元素が知られています。図1・2に、地球（地殻、海、大気）における元素の存在度（重量百分率）を、原子番号に対して示します。原子番号1の水素（元素記号H）から94のプルトニウムPuまでのすべての元素は、地球上に存在することが確認されています。元素の存在度は、元素によって大きく異なります。図1・2をみてわかるように、地球上で最も豊富に存在する元素は、原子番号8の酸素Oです。その存在度四九・四％は、全元素の重量の約半分を占めます。

酸素の後には、原子番号14のケイ素Si、13のアルミニウムAl、26の鉄Fe、20のカルシウムCa、11のナトリウムNa、19のカリウムKと続いていきます。この後に続く元素は、すべて一％以下の存在度です。最もまれな元素は、原子番号85のアスタチンAtです。その存在度は、酸素の10^{25}分の１しかありません。

一方、宇宙の元素存在度は地球とまったく異なります。原子番号１の水素Hが七一％（重量百分率）、原子番号２のヘリウムHeが二七％で、このたった二つの元素で宇宙の元素存在度の九八％を占めます。われわれの世界を構成する元素が、宇宙誕生の歴史のなかで、いつ、どこで、どのようにしてつくられたのかは、今日でも大きな謎となっています。

元素はどのように発見されてきたのか

人類は、古代より地球上にあるさまざまな物質から新しい元素を発見し、その有用な性質を見いだして文明を築いてきました。図１・２をみてわかるように、原子番号43のテクネチウムTc、61のプロメチウムPm、85のアスタチンAt、93のネプツニウムNp、94のプルトニウムPuの五つの元素は、地球上に存在しています。しかし、存在度がとても低いため、自然界からではなく先に人工的につくり出され、発見されました。本書では、元素の発見時、自然界から見いだされた元素を「天然元素」、人工的につくり出された元素を「人工元素」とよぶことにします。すなわち、Tc、Pm、

At、Np、Puは、人工元素です。原子番号95のアメリシウムAmから118のオガネソンOgまでの二四元素は、自然界には確認されておらず、原子番号113のニホニウムNhを含めてすべて人工元素です。人工元素の発見については、第3章で詳しく述べます。

　図1・3に、元素発見数の歴史的経過を示します。古代の遺跡や道具を調べてみると、人類は古代から炭素C、硫黄S、鉄Fe、銅Cu、銀Ag、スズSn、アンチモンSb、白金Pt、金Au、水銀Hg、鉛Pbなど、一〇種類ほどの元素を自然界から取出し、生活に利用していたことがわかります。しかし、このころの元素観は現在のものとはずいぶん異なります。紀元前四、五世紀ころ、古代ギリシャの哲学者、エンペドクレスやアリストテレスら

古代	C	S	Fe	Cu	Ag	Sn	Sb	Pt	Au	Hg	Pb									
中世	As																			
17世紀	P																			
1700～1724年																				
1725～1749年	Co	Zn																		
1750～1774年	Ni	Bi	Mg	H	O	N	Cl	Mn												
1775～1799年	Mo	W	Te	Zr	U	Sr	Ti	Y	Be	Cr										
1800～1824年	V	Nb	Ta	Rh	Pd	Ce	Os	Ir	Na	K	B	Ca	Ba	I	Li	Se	Cd	Si		
1825～1849年	Al	Br	Ru	Th	La	Tb	Er													
1850～1874年	Cs	Rb	Tl	In	He															
1875～1899年	Ga	Yb	Sc	Sm	Ho	Tm	Gd	Pr	Nd	F	Ge	Dy	Ar	Eu	Ne	Kr	Xe	Po	Ra	Ac
1900～1924年	Rn	Lu	Pa	Hf																
1925～1949年	Re	Tc	Fr	At	Np	Pu	Am	Cm	Pm											
1950～1974年	Bk	Cf	Es	Fm	Md	Lr	No	Rf	Db	Sg										
1975～1999年	Bh	Mt	Hs	Ds	Rg	Cn														
2000～現在	Nh	Fl	Lv	Og	Mc	Ts														
元素数					5					10					15					20

□ 天然元素
■ 人工元素

図1・3　元素発見数の歴史的経過

は、万物の根源、すなわち元素は、「水」、「空気」、「火」、「土」の四種類のみであると考えました。この考え方を**四元素説**とよびます。図1・4に、四元素説における元素の相関図を示します。アリストテレスは、元素は「温かい」、「冷たい」、「湿った」、「乾いた」性質をもち、互いに変わることができると考えました。

四元素説は、一七世紀から一八世紀にかけて、英国のロバート・ボイルやフランスのアントワーヌ・ラヴォアジエによって科学的に否定されるまで、約二〇〇〇年ものあいだ受入れられていきます。四元素説と同様な元素観は、古代のインドや中国にもありました。古代インドの哲学者アジタ・ケーサカンバリンは、「地」、「水」、「火」、「風」が存在を構成する要素と考えました（四大《しだい》説）。一方、古代中国には、万物は「火」、「水」、「木」、「金」、「土」の五種類の元素からなるという考えがありました（五行説）。

四元素説のもと、銅や鉄などの卑金属から貴金属である金を生み出そうという試みが古代エジプトや古代ギリシャで始まりました。この試みは**錬金術**とよばれ、卑金属を金に変え、人間を不老不死にすることができる賢者の石を求めつつ、九世紀にアラブ圏、一二世紀には欧州にまで広

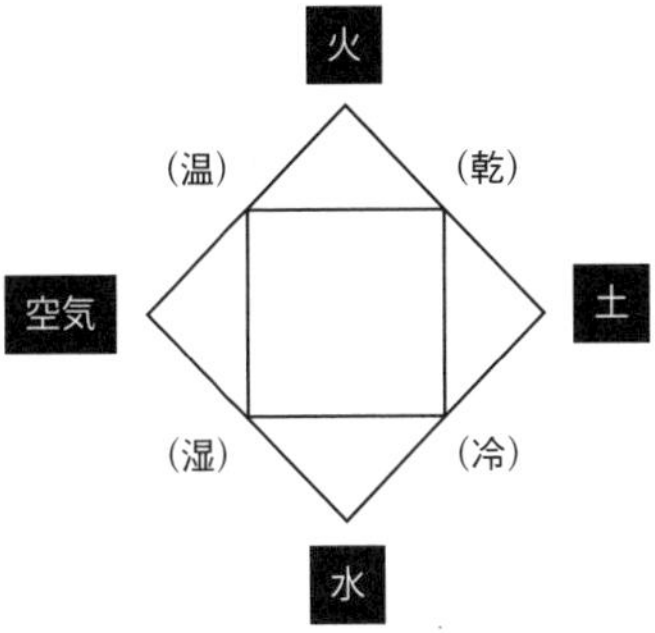

図1・4　四元素説における元素の相関図

まっていきました。一七世紀に入り、近代化学の幕開けとともに錬金術は否定されていきますが、錬金術の試みのなかで、近代化学の発展に不可欠な薬品、実験器具、分離・分析法が多数発明されました。化学の英語「ケミストリー（chemistry）」は、錬金術の「アルケミー（alchemy）」から派生した語です。

図 1·5　スタニズラオ・カニッツァーロ（左）とドミトリ・メンデレーエフ（右）

周期表の誕生

一八世紀以降、近代化学の発展とともにたくさんの元素が発見され、元素の化学的性質が明らかにされていきます。一九世紀半ばになると、膨大な化学実験データを秩序立てて取扱うため、原子と分子、原子量などの基本概念と化学用語の意味や表記法の統一が必要になってきました。この問題を解決するため、ベルギーのアウグスト・ケクレらは、一八六〇年九月、ドイツのカールスルーエに欧州中から一四〇人を超える化学者を集め、第一回国際化学会議（カールスルーエ会議）を開催しました。

この会議に出席した、イタリアのスタニズラオ・カニッツァーロ（図１・５左）は、同国のアメデオ・アヴォガドロの当時忘れ去られていた原子・分子の考え方を見直し、正確な原子量と分子量を導き出しました。

カールスルーエ会議には、当時ドイツのハイデルベルクに留学していたロシア出身の若き化学者ドミトリ・メンデレーエフ（図１・５右）が参加していました。メンデレーエフは、カニッツァーロの講義に大きな感銘を受け、原子量のデータをロシアに持ち帰り、一八六九年、当時知られていた六三種の元素を原子量

			Ti=50	Zr=90	?=180.
			V=51	Nb=94	Ta=182.
			Cr=52	Mo=96	W=186.
			Mn=55	Rh=104,4	Pt=197,4
			Fe=56	Ru=104,4	Ir=198.
			Ni=Co=59	Pl=106,6	Os=199.
H=1			Cu=63,4	Ag=108	Hg=200.
	Be=9,4	Mg=24	Zn=65,2	Cd=112	
	B=11	Al=27,4	?=68	Ur=116	Au=197?
	C=12	Si=28	?=70	Sn=118	
	N=14	P=31	As=75	Sb=122	Bi=210?
	O=16	S=32	Se=79,4	Te=128?	
	F=19	Cl=35,5	Br=80	J=127	
Li=7	Na=23	K=39	Rb=85,4	Cs=133	Tl=204.
		Ca=40	Sr=87,6	Ba=137	Pb=207.
		?=45	Ce=92		
		?Er=56	La=94		
		?Yt=60	Di=95		
		?In=75,6	Th=118?		

図 1・6　メンデレーエフの周期表（1869 年 2 月 17 日）
化学的性質が似た元素が横に並ぶように列が折返される．当時未発見の元素が，“？＝45”（現在の Sc），“？＝68”（現在の Ga），“？＝70”（現在の Ge），“？＝180”（現在の Hf）と表記されている．［M. D. Gordin, *Angew. Chem. Int. Ed.*, **46**, 2758 (2007)］

と化学的性質をもとに秩序立てて並べ、元素の**周期表**を完成させました。図1・6にメンデレーエフの周期表を示します。現在の周期表とは異なり、原子番号の順ではなく原子量の順に元素が上から下へ並べられています（14ページコラム参照）。

次々発見される元素を整理しようとする試みは、メンデレーエフの周期表の以前、一九世紀の初めから始まっていました。一八二九年ころ、ドイツの化学者ヨハン・デーベライナーは三つ組元素説、一八六二年にはフランスの地質学者ベギエ・ド・シャンクルトワが地のらせん説、一八六四年には英国の分析化学者ジョン・ニューランズがオクターブ則を発表していました。また、ニューランズによるオクターブ則の発表と同年、メンデレーエフとともにカールスルーエ会議に参加していたドイツの化学者ロータル・マイヤーが、二八の元素を原子価によって六つのグループに分け、最初の元素表を発表していました。しかし、メンデレーエフは、図1・6にみられるように、当時未発見であった元素を周期表上で空欄とし、その元素の原子量や性質まで予言しました。その予言どおり、一八七五年にガリウムGa、一八七九年にスカンジウムSc、一八八六年にゲルマニウムGeが発見され、メンデレーエフは周期表の親として歴史に名を残すことになります。メンデレーエフは、周期律の発見について次のように述べています。

「私が一八六〇年のカールスルーエでの化学者会議に参加し、イタリアの化学者カニッツァーロの考えを聞いたことは、私の周期律についての理論を発展させるうえで決定的な瞬間であった。

カニッツァーロは私の先達であった。なぜなら、彼が明確にした原子量こそが私の研究に必要な参考資料であったからだ。私は、直ちに、カニッツァーロが提案した原子量がデュマ（フランスの化学者）の分類に新しい見方を与え、その結果、原子量の増加と元素の性質の周期性に関わる本質的な考えにたどり着いた。」

進化する周期表

その後、メンデレーエフの周期表は、単にたくさんの元素を整理するための表としてだけでなく、未発見の元素を探索するための道標となります。図１・３からわかるように、一九二五年ころまでにほとんどの天然元素が自然界より発見されました。その後は、加速器や原子炉を用いて、人類が人工的に元素をつくり出す時代に移っていきます。今日まで、米国、ロシア（ソビエト連邦）、ドイツの研究グループが、国の威信をかけて新元素の発見を競い合いました。この熾烈《しれつ》な競争に、二〇一五年の大晦日《おおみそか》、ついにアジアの国から初めて、日本が原子番号113の新元素発見の優先権を勝ち取りました。113番元素は、重イオン加速器で加速した原子番号30の亜鉛Znを原子番号83のビスマスBiにぶつけ、原子核どうしを融合させることによってつくられました。人工元素や原子核反応については、第３章で詳しく述べます。

図１・７に最新の周期表を示します。現代の周期表では、元素は原子量ではなく、原子番号の

原子番号
元素記号

周期＼族	1	2	3	4	5	6	7	8	9	10	11	12	13	14	15	16	17	18
1	1 H																	2 He
2	3 Li	4 Be											5 B	6 C	7 N	8 O	9 F	10 Ne
3	11 Na	12 Mg											13 Al	14 Si	15 P	16 S	17 Cl	18 Ar
4	19 K	20 Ca	21 Sc	22 Ti	23 V	24 Cr	25 Mn	26 Fe	27 Co	28 Ni	29 Cu	30 Zn	31 Ga	32 Ge	33 As	34 Se	35 Br	36 Kr
5	37 Rb	38 Sr	39 Y	40 Zr	41 Nb	42 Mo	43 Tc	44 Ru	45 Rh	46 Pd	47 Ag	48 Cd	49 In	50 Sn	51 Sb	52 Te	53 I	54 Xe
6	55 Cs	56 Ba	57-71 ＊	72 Hf	73 Ta	74 W	75 Re	76 Os	77 Ir	78 Pt	79 Au	80 Hg	81 Tl	82 Pb	83 Bi	84 Po	85 At	86 Rn
7	87 Fr	88 Ra	89-103 †	104 Rf	105 Db	106 Sg	107 Bh	108 Hs	109 Mt	110 Ds	111 Rg	112 Cn	113 Nh	114 Fl	115 Mc	116 Lv	117 Ts	118 Og

＊ランタノイド	57 La	58 Ce	59 Pr	60 Nd	61 Pm	62 Sm	63 Eu	64 Gd	65 Tb	66 Dy	67 Ho	68 Er	69 Tm	70 Yb	71 Lu
†アクチノイド	89 Ac	90 Th	91 Pa	92 U	93 Np	94 Pu	95 Am	96 Cm	97 Bk	98 Cf	99 Es	100 Fm	101 Md	102 No	103 Lr

図 1・7　進化する元素の周期表（2021 年 11 月現在）
2016 年 11 月 30 日，113 番元素ニホニウム（Nh），115 番元素モスコビウム（Mc），117 番元素テネシン（Ts），118 番元素オガネソン（Og）の 4 元素が周期表に加わった．

順に左から右へと並べられています。化学的性質が似た元素が、**族**とよぶ縦の列に並ぶように**周期**が繰返されていきます。周期表では、一一八種類の元素が、一八の族と七の周期に規則正しく分類されています。二〇一六年一一月三〇日、ニホニウムNhとともに、ロシアと米国の共同研究グループが発見した原子番号115のモスコビウムMc、117のテネシンTs、118のオガネソンOgが周期表に加わり、周期表の第7周期がついに完結しました。元素発見史上、最大級の成果といえるでしょう。現在、周期表は一八六九年の誕生以来、最も整った形をみせています。

周期表は、科学の世界で最もよく知ら

れた表です。読者の皆さんは、「一家に1枚元素周期表」をご存じでしょうか。インターネットで、〝一家に1枚元素周期表〟と検索すると、この周期表をダウンロードすることができます（二〇二一年一一月現在）。「一家に1枚元素周期表」は、文部科学省が科学技術理解増進施策の一環として、多くの方に科学に親しんでいただく機会を提供することを目的に、科学技術週間に合わせて毎年製作しているもので、元素の利用例が元素ごとにイラストで示されています。地球を含めたすべてのものは性質の異なる元素の原子からできています。それは、われわれのからだも例外ではありません。

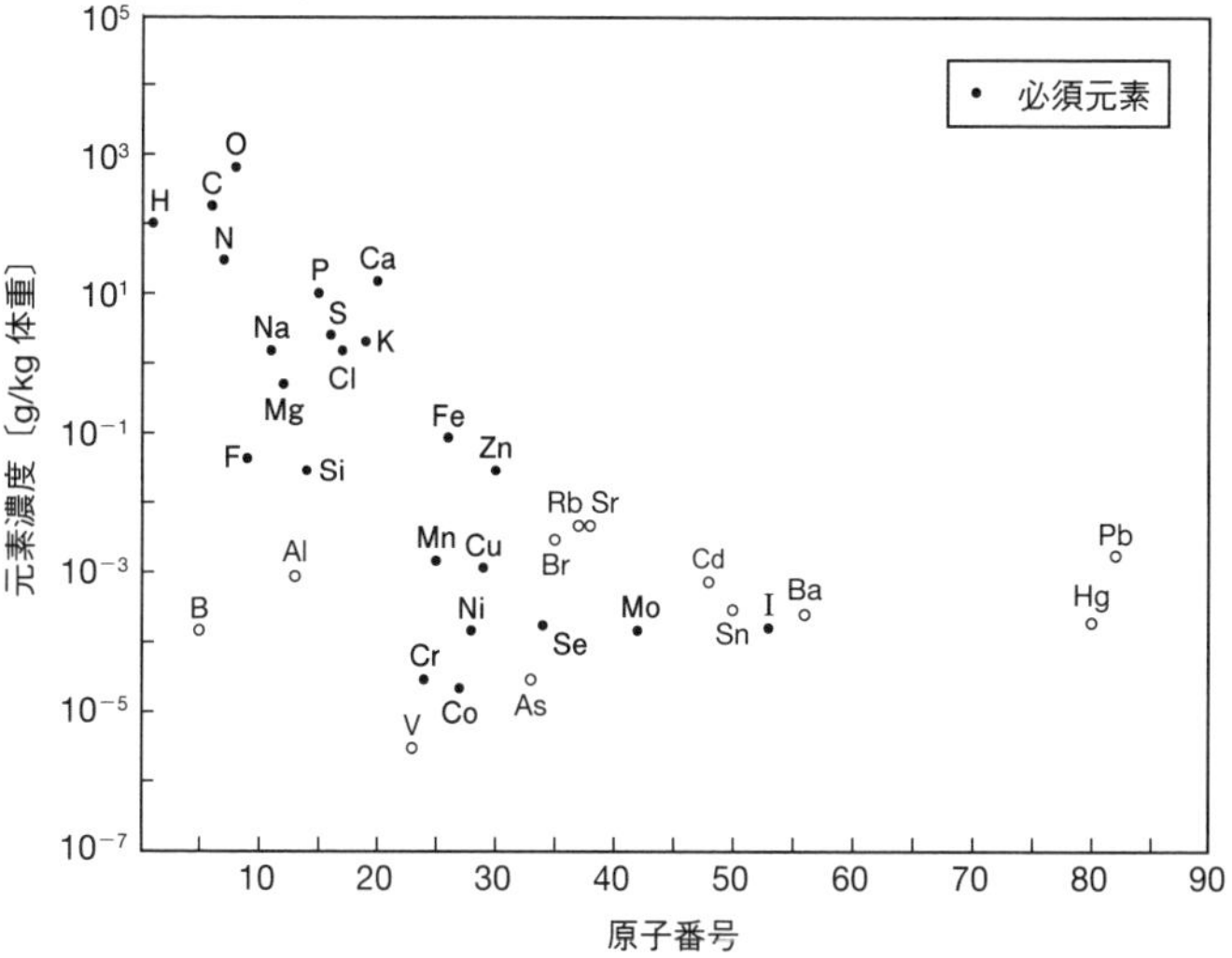

図 1・8　ヒトの元素濃度　　体重 1 kg あたりに含まれる元素重量.
［桜井 弘 編,「生命元素事典」, オーム社 (2006)］

からだをつくる元素

われわれのからだはどのような元素でできているのでしょうか?

図1・8に、ヒトの元素濃度(体重一キログラムに含まれる元素重量)を示します。このうち、表1・1に示した二三種類の元素は、われわれが健康な生活を維持していくために必要な元素であることがわかっています。

多量元素とよばれる酸素O、炭素C、水素H、

表1・1　ヒトに必須の元素

分　類	元素名	元素記号	濃度〔g/kg 体重〕
多量元素	酸　素	O	650
	炭　素	C	180
	水　素	H	100
	窒　素	N	30
	カルシウム	Ca	15
	リ　ン	P	10
少量元素	硫　黄	S	2.5
	カリウム	K	2.0
	ナトリウム	Na	1.5
	塩　素	Cl	1.5
	マグネシウム	Mg	0.5
微量元素	鉄	Fe	0.0857
	フッ素	F	0.0428
	ケイ素	Si	0.0285
	亜　鉛	Zn	0.0285
	マンガン	Mn	0.00143
	銅	Cu	0.00114
超微量元素	セレン	Se	0.000171
	ヨウ素	I	0.000157
	ニッケル	Ni	0.000143
	モリブデン	Mo	0.000143
	クロム	Cr	0.0000285
	コバルト	Co	0.0000214

窒素N、カルシウムCa、リンPのわずか六元素で、ヒトの体重の九八・五％を占めています。酸素、炭素、水素、窒素、リンはタンパク質、核酸、糖類や脂肪をつくり、カルシウムは骨をつくります。これらに続いて多い元素は、硫黄S、カリウムK、ナトリウムNa、塩素Cl、マグネシウムMgです。体重の〇・〇五〜〇・二五％を占め、少量元素とよばれます。硫黄はアミノ酸を構成する重要な元素です。カリウム、ナトリウム、塩素、マグネシウムは、細胞の機能調節に重要な働きをしています。以上の多量元素と少量元素で、体重の九九・三％を占めます。しかし、これらの一一元素だけではヒトは健康に生活できないことがわかっています。表１・１に示したように、ヒトには、さらに、鉄Fe、フッ素F、ケイ素Si、亜鉛Zn、マンガンMn、銅Cuの微量元素と、セレンSe、ヨウ素I、ニッケルNi、モリブデンMo、クロムCrおよびコバルトCoの超微量元素が必要であることがわかっています。

原子量と原子番号

周期表は，原子番号，すなわち原子核の正電荷（陽子数）とともに，周期的に変化する元素の化学的性質をもとに元素を分類した表です．原子の構造が未知であったメンデレーエフの時代，周期表の元素は原子量の順に並べられていました．

原子量について説明しましょう．質量数 12 の炭素原子 1 個の質量は 1.992647×10^{-23} g です．原子の質量を取扱うのに，このような g 単位を使うと，非常に小さな値になって不便です．そこで，質量数 12 の炭素原子の質量を 12 とし，これに比較して他の原子の質量が決められています．この質量を**相対原子質量**といいます．

詳しくは 22 ページで説明しますが，元素には質量数の異なる**同位体**をもつものがあります．質量数 27 のアルミニウム Al のように，安定同位体が一つしかない場合は，その相対原子質量（26.9815384）がアルミニウムの原子量となりますが，複数の同位体をもつ元素の場合は，各同位体の存在度を考慮した相対原子質量の平均が原子量となります．

一方，**原子番号**は，原子核内の陽子の数のみで決まります．このため，元素を相対原子質量と存在度で決まる原子量の順に並べると，原子番号の順に矛盾することがあります．原子番号 18 のアルゴン Ar の原子量（39.792～39.963）は，原子番号 19 のカリウム K（39.0983）よりも大きい値です．原子番号 27 のコバルト Co（58.933194）と原子番号 28 のニッケル（58.6934），原子番号 52 のテルル Te（127.60）と原子番号 53 のヨウ素 I（126.90447）でも，同様な逆転がみられます．

しかし，メンデレーエフは，原子量順ではうまく並ばないテルルとヨウ素を，その化学的性質にもとづいて，現在の周期表と同じ順序に並べて発表しています（図 1・6 参照）．

第2章　原子と元素の基礎知識

原子論の起源

ものは何からできているのか？　紀元前五世紀ころ、古代ギリシャの哲学者デモクリトスは、この世に実在するものは「原子」とよぶそれ以上分けることができない小さい粒子と「空間」からできていると考えました。原子の英語は、「アトム（atom）」です。この語源は、ギリシャ語の「a（否定の意味）」＋「tom（切る）」で、原子がこれ以上分割できない最小単位であることを意味しています。

デモクリトスの古代原子説は、現代の原子論によく似た考え方でしたが、アリストテレスらによる四元素説の台頭によって約二〇〇〇年ものあいだ忘れ去られます。一七世紀に入り、英国のロバート・ボイルやフランスのアントワーヌ・ラヴォアジエらによって、四元素説は科学的に否定されます。そして、英国のジョン・ドルトンは、空想的であった原子の概念を実験に基づいて根拠のあるものとします。一八〇三年、ドルトンは、「二種類の元素から二種以上の化合物ができるとき、一方の元素の一定質量と化合する他方の元素の質量比は簡単な整数比になる」という倍数組成の法則（倍数比例の法則）を発表します。物質はそれ以上分割することができない粒子、すなわち**原子**からできているという現代原子論のはじまりです。

原子の構造――原子核と電子の発見

二〇世紀に入ると、原子の構造がしだいに明らかにされていきます。図2・1左の**原子模型**は、長岡半太郎と英国のアーネスト・ラザフォード（図2・2）によって考案された原子模型です。デンマークのニールス・ボーア（図9・2参照）は、これを量子論に基づいて理論的に説明しました。

原子の中心部には正（プラス）の電荷をもつ**原子核**があり、そのまわりには負（マイナス）の電荷をもつ**電子**が原子核に引きつけられて存在します。原子の大きさは直径一〇〇億分の一メートル（10^{-10}m）くらいで、原子核の大きさは原子の一〇万分の一くらいです（10^{-15}m）。原子を東京ドームにたとえる

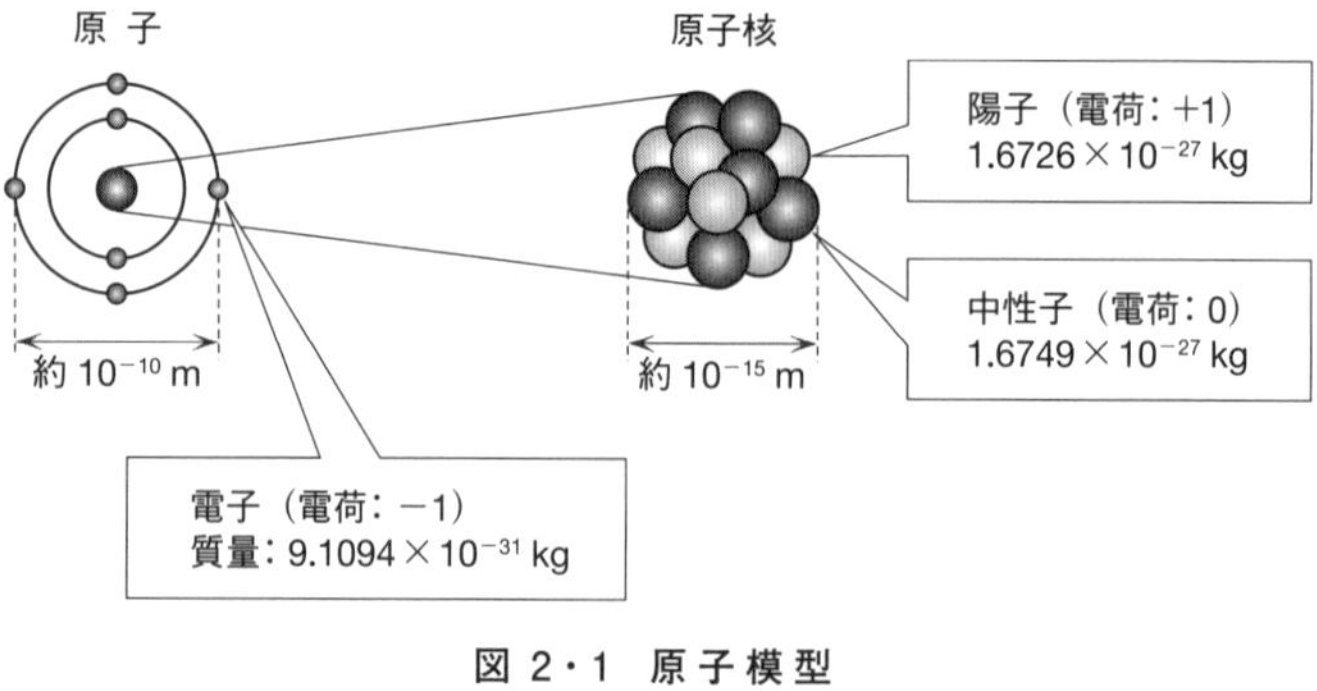

図 2・1　原子模型

と、原子核は東京ドームに落ちている一円玉よりも小さな存在です。

原子核は、一九一一年、ラザフォードによって発見されました。ラザフォードは、図2・3に示したように、放射性元素である原子番号88のラジウムRaから放出されるアルファ（α）粒子を薄い金箔にぶつける実験を行いました。すると八〇〇〇回に一回という非常に小さな確率で、アルファ粒子が大きな角度で散乱される現象を観測しました。アルファ粒子は、正の電荷をもつヘリウムHeの原子核です。ラザフォードはこの散乱現象から、原子の中に正の電荷を帯び、一〇〇兆分の一メートル（10^{-14} m）よりも小さい原子核が存在することをつきとめました。

図 2・2　長岡半太郎（ながおか・はんたろう，左）**とアーネスト・ラザフォード**（右）

図2・1右に示したように、原子核は、「陽子」と「中性子」とよばれる二種類の**核子**からできています。**陽子**は正の電荷（+1）をもち、質量は1.6726×10^{-27} kgです。一方、**中性子**の電荷は0、質量は陽子とほぼ同じです（1.6749×10^{-27} kg）。中性の原子であれば、陽子と同じ数の電子が原子核のまわりに存在します。電子の

質量は、陽子や中性子のわずか二〇〇〇分の一（9.1094×10^{-31} kg）程度です。したがって、原子の質量の大部分は点のような原子核に集中しています。

原子を構成するこれらの粒子は、どのように発見されたのでしょうか。一八九七年、英国のジョゼフ・ジョン・トムソンは、真空放電中に観測される陰極線の特性を調べ、陰極線の正体が負の電荷を帯びた粒子（電子）であることをつきとめました。図２・４にトムソンの実験装置を示します。

まず、左端の陰極と陽極の間に高電圧をかけることによって、陰極か

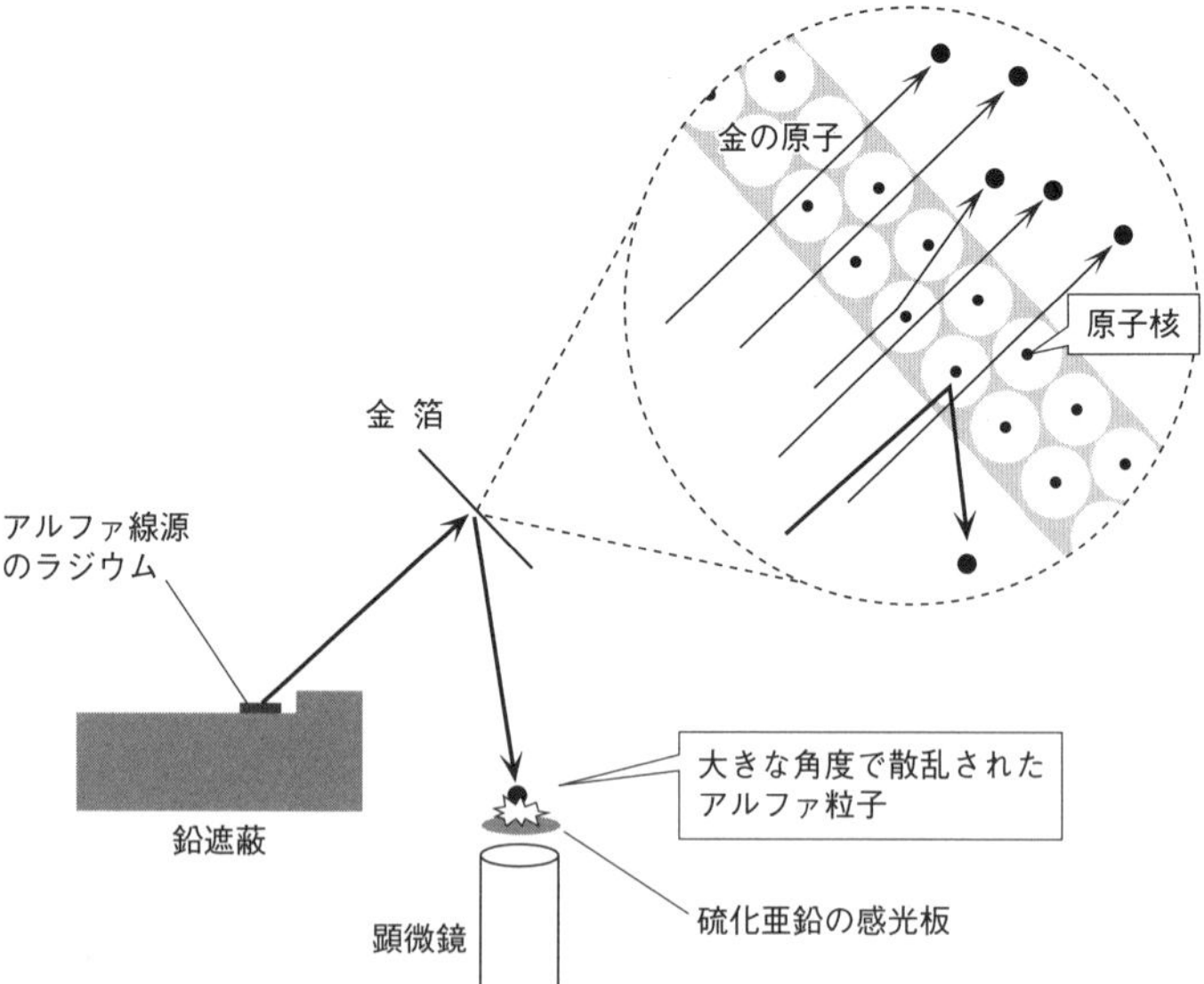

図 2・3　原子核を発見したラザフォードの実験

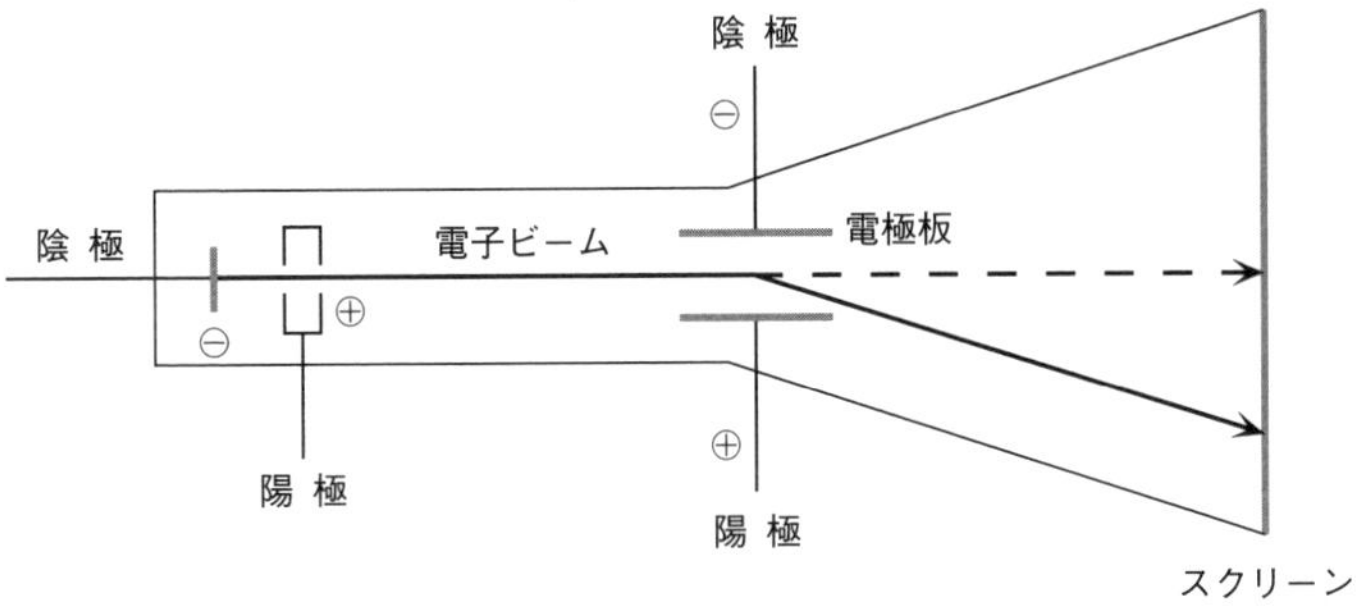

図 2・4　電子を発見したトムソンの実験

ら電子を陽極に向かってとび出させます。装置内は真空になっており、電子は電極板の間を通り、末端のスクリーンに衝突します。スクリーンには蛍光物質が塗布してあり、電子がぶつかった位置がわかります。電極板間に電圧がかかっていなければ、電子は破線のようにまっすぐ飛んでスクリーンに衝突します。ところが、電極板間に電圧をかけると、電子は実線のように陽極側に曲げられました。この実験によって、電子は負の電荷をもっていることを証明できたのです。トムソンは、電荷と電子の質量の比である比電荷を求めることにも成功しました。

原子核の構造——陽子と中性子の発見

一九一四年、ラザフォードは、原子核にアルファ粒子をぶつけたとき、重い原子核では大きな正の電荷による静電反発力によってアルファ粒子は弾《はじ》き返されてしまうが、軽い原子核ではアルファ粒子が原子核に衝突し、原子核またはアル

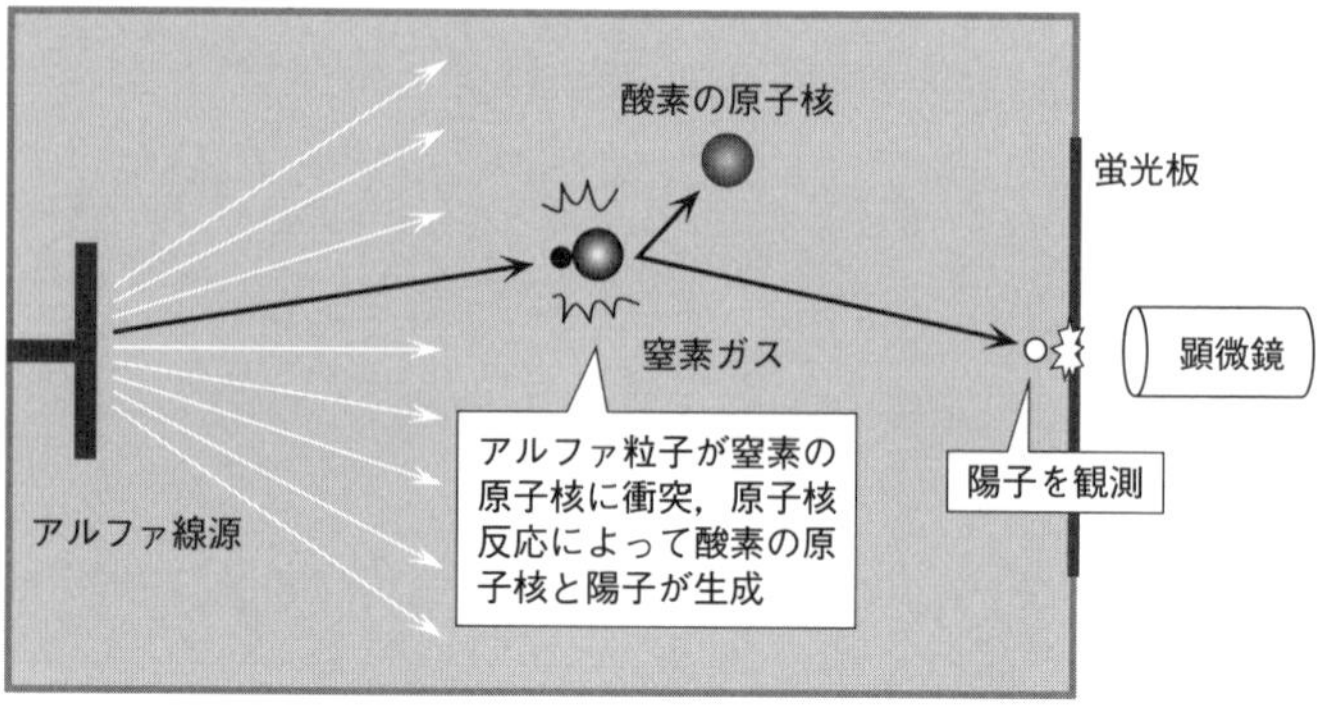

図 2・5　陽子を発見したラザフォードの実験

ファ粒子が破壊されてしまうのではないかと考えました。一九一九年、ラザフォードは、図2・5の装置を用いて、アルファ粒子を窒素Nの原子核に衝突させ、生じた水素Hの原子核（陽子）を観測することに成功しました。原子核を構成する粒子、陽子を発見したのです。

ラザフォードは、質量が陽子とほぼ同じで電気的に中性の粒子も原子核に存在することを予測しました。一九三二年、ラザフォードの弟子ジェームズ・チャドウィックは、図2・6に示したように、放射性元素である原子番号84のポロニウムPoから放出されるアルファ粒子をベリリウムBeにぶつけ、未知の粒子（中性子）を発生させました。この粒子がパラフィンにぶつかると、パラフィンに含まれる水素の原子核（陽子）がたたき出され、これが電離箱に入射すると、箱内のガス分子が電離して電気信号が発生します。電気信号の大きさから、陽子のエネルギーがわかります。この実験から、チャドウィックは、ベリリウムから

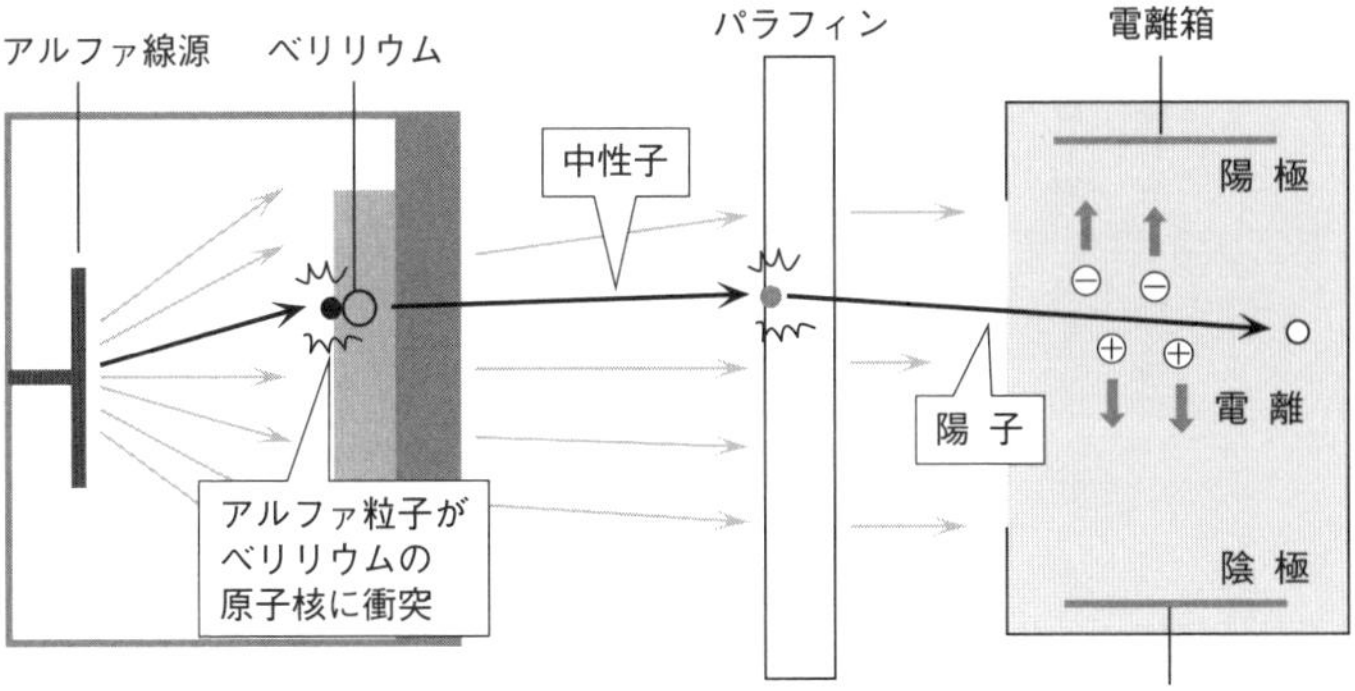

図 2・6　中性子を発見したチャドウィックの実験

生じた粒子が陽子とほぼ同じ質量をもつことをつきとめました。また、ベリリウムから生じた粒子の物質を通抜ける性質から、この粒子は中性であることを示しました。

元素とは

「元素」は、同じ化学的性質をもつ原子のグループ名です。原子核に含まれる陽子の総数は、その原子核や原子が属する元素を決める重要な数です。陽子の数は「原子番号」に相当します。一個だけ陽子をもつ原子核は、原子番号1の水素です。二六個もてば原子番号26の鉄Fe、七九個もてば原子番号79の金Au、一一三個では原子番号113のニホニウムNhとなります。新しい元素を発見するということは、未知の陽子数をもった原子核を発見することです。現在、水素から118番元素のオガネソンOgまで一一八種類の元素が知られています。今後、新元素を発見するためには、一一九個以上の陽子をもつ新しい原子核を発見する必要があります。

同位体とは

図2・7に示した三種類の原子は、いずれも原子核に一個の陽子をもっています。したがって、これらはすべて水素Hの原子です。しかし、中性子の数は、ゼロ、一、二個と異なります。一九一三年、英国のフレデリック・ソディ（図2・8左）は、同じ元素の原子でも、重さの異なるものがあることに気付きます。ソディは、これを「アイソトープ（isotope）」とよびました。ソディのもとに留学した理化学研究所（理研）の飯盛里安（図2・8右）は、「isotope」を「**同位元素**」と翻訳しました。今日では、同位元素を、**同位体**ともよびます。

陽子数と中性子数の和を**質量数**とよび、この数を元素記号の左肩に表記して同位体を区別できます。たと

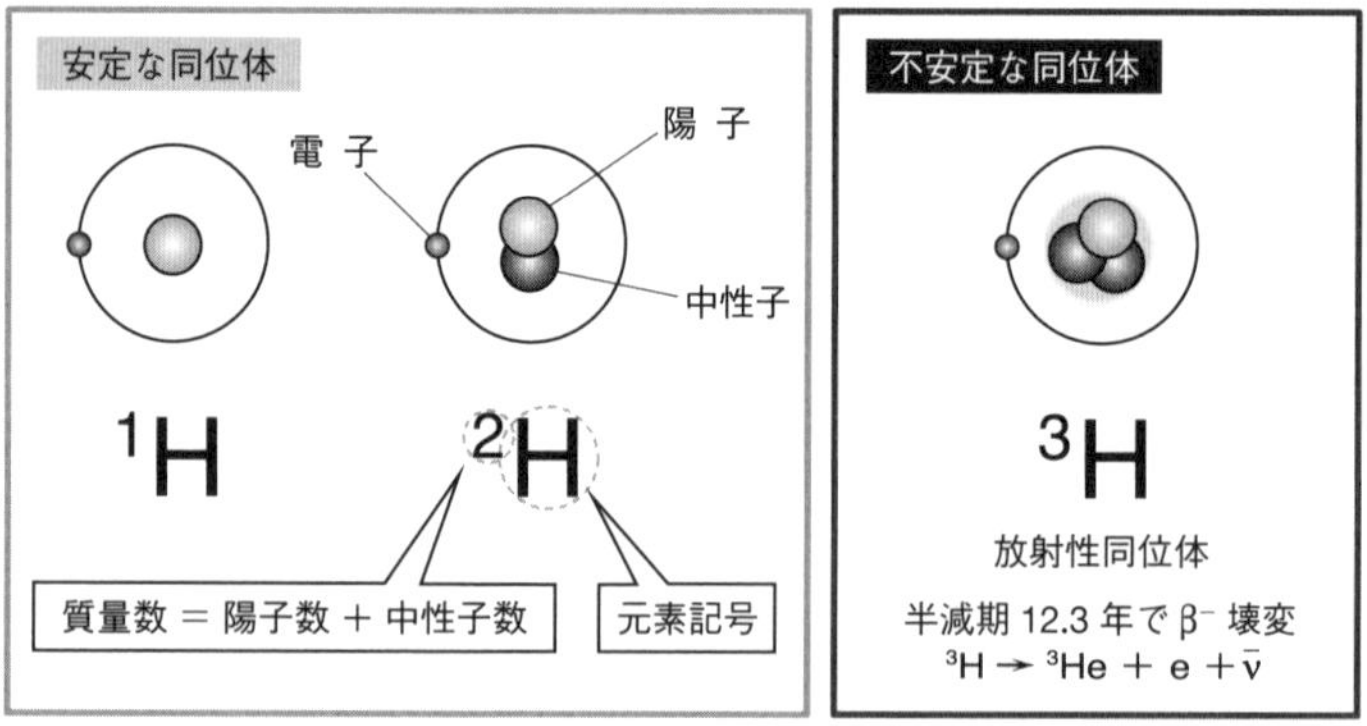

図 2・7 水素の同位体の例 He はヘリウム，e は電子，$\bar{\nu}$ は反電子ニュートリノを表す.

えば、陽子一個、中性子一個をもつ質量数2の水素の同位体を「^{2}H」、陽子一個、中性子二個をもつ質量数3の水素の同位体を「^{3}H」と表記します。同位体の別の表記法として、^{1}H、^{2}H、^{3}Hをそれぞれ「H−1」、「H−2」、「H−3」と表記することもあります。本書では水素1、水素2、水素3と表記します。（注1）

図 2・8　フレデリック・ソディ（左）**と**
飯盛里安（いいもり・さとやす，右）

放射性同位体

原子核に含まれる陽子と中性子の組合わせによって、原子核の質量（エネルギー状態）は異なり、その性質は大きく変化します。図2・7に示した水素の同位体のうち、水素1と水素2は安定な同位体です。しかし、さらに中性子が一個増え水素3になると原子核は不安

（注1）「化合物命名法　IUPAC勧告に準拠（第二版）」（日本化学会命名法専門委員会 編、東京化学同人）に従えば、元素名と質量数の間にハイフンを入れるべきだが、本書では、縦書きの時の読みやすさを重視し、ハイフンを省略する。

定になり、余分なエネルギーを放射線として放出して安定な原子核へと変わります。これを**放射壊変**（27ページコラム参照）とよびます。水素3は、一二・三年の**半減期**（28ページコラム参照）で「ベータマイナス（β^-）」壊変します。

ベータマイナス壊変では、原子核内の中性子の一つが+1の正電荷をもつ陽子に変化するため、質量数3の水素^3Hの原子番号は一つ大きくなり、質量数3のヘリウム^3Heが生じます。このときベータ粒子（電子e）と反電子ニュートリノ（$\bar{\nu}$）が放出されます。

水素3のように放射壊変する同位体を、**放射性同位体**、**放射性同位元素**または**ラジオアイソトープ**（RI）[注2]、などとよびます。放射性同位体は、固有の半減期で放射壊変し、アルファ粒子、ベータ粒子、ガンマ線などの放射線を放出して安定な原子核へと変わっていきます。理研の研究グループが発見したニホニウムは、陽子一一三個、中性子一六五個をもつ質量数278の同位体「ニホニウム278」です。口絵に、ニホニウムの原子核の模型を示します。

核図表——すべての同位体をマッピング

元素周期表では、同位体を区別して示すことができません。しかし、縦の軸に陽子の数、横の軸に中性子の数をとれば、すべての同位体を分類することができます。この表を**核図表**とよびます（図2・9、同位体の放射壊変の様式によって色分けした核図表は口絵参照）。核図表は一九三〇年代に登場しました。イタリアの物理学者エミリオ・セグレの名をとって、セグレチャートともよばれます。図2・9で黒で示した同位体は安定な同位体で、約二七〇あります。他はすべて放射性同位体で、現在、約三〇〇〇種類知られています。放射性同位体は、固有の壊変様式と半減期に従って、より安定な同位体に放射壊変します。核図表に、ニホニウム278を示しました。ニホニウム278のまわりにある質量数の大きな同位体は、おもにアルファ壊変や自発核分裂壊変をすることがわかっています。質量数278の113番元素ニホニウムは放射性同位体で、

（注2）　radioactive isotope (RI), radioisotope

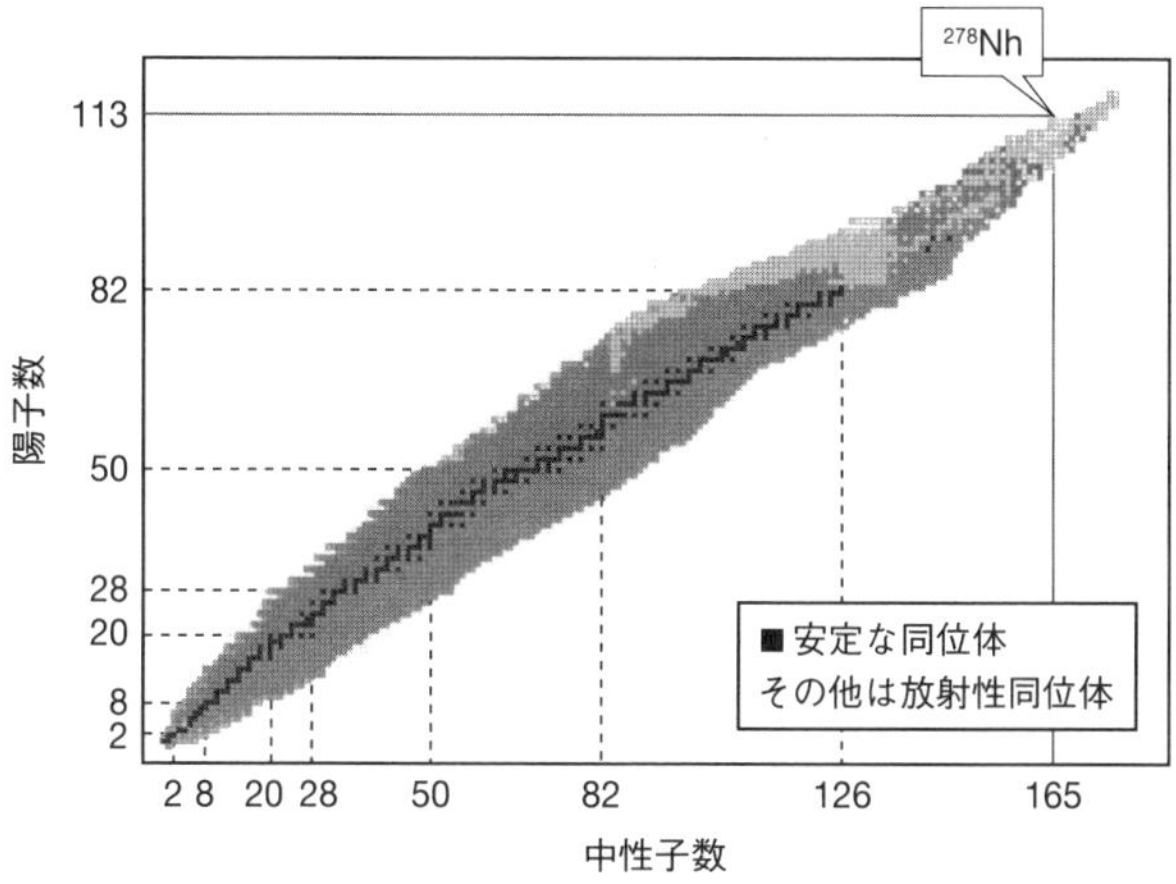

図 2・9　核図表　縦軸に陽子数，横軸に中性子数をとり，同位体を配置．質量数278のニホニウム同位体（^{278}Nh）は，陽子を113個，中性子を165個もつ．［Z. Sóti ほか，*EPJ Nucl. Sci. Technol.*, **5**, 6 (2019)］

アルファ粒子（質量数4のヘリウムの原子核）を放出して、質量数274の111番元素レントゲニウムRgに壊変します。

核図表に破線で示した陽子数と中性子数は**魔法数**とよばれ、陽子数または中性子数が魔法数に等しい原子核は安定になることが知られています。ニホニウムなどの非常に重い元素が存在できるのは、実はこの魔法数が深く関係しています。魔法数については、第5章で詳しく述べます。

核図表には、原子核内で核子（陽子と中性子）が結び付き合うエネルギー（結合エネルギー）を立体的に表現した核図表もあります。口絵にある立体核図表はレゴブロックで製作したもので、理研の和光事業所で展示されています。原子核の質量は、原子核を構成する陽子と中性子の質量を足し合わせた値よりもほんのすこし小さくなっています（一％以下）。この軽くなった質量が核子どうしを結び付ける結合エネルギーです。強固に結合すればするほど原子核は軽くなります。立体核図表で最も低い位置にある原子核は、原子番号26の鉄Feの近傍に存在します。これらの原子核では、核子が強固に結合し、軽く、安定になっています。人類はこれまでに、約三〇〇〇個（口絵の黒、緑、赤のブロック）の同位体を発見してきました。原子核の理論計算によれば、同位体は約一万個もあると予測されています（口絵の黄色ブロックは未発見の同位体です）。人類はまだ物質を構成する原子（原子核）の三分の一程度しか知りません。このため、現在の原子や原子核に関する理論はまだ不完全なのです。

放射壊変

不安定な原子核が放射線を放出して安定な原子核に変化する現象を**放射壊変**とよびます．放射壊変にはアルファ壊変，ベータ壊変，軌道電子捕獲壊変，核異性体転移などがありますが，ここでは，本書でよく登場する**アルファ壊変**と**ベータマイナス壊変**，**自発核分裂壊変**について，壊変の様子とそれに伴う陽子数と中性子数の変化を以下にまとめておきます．

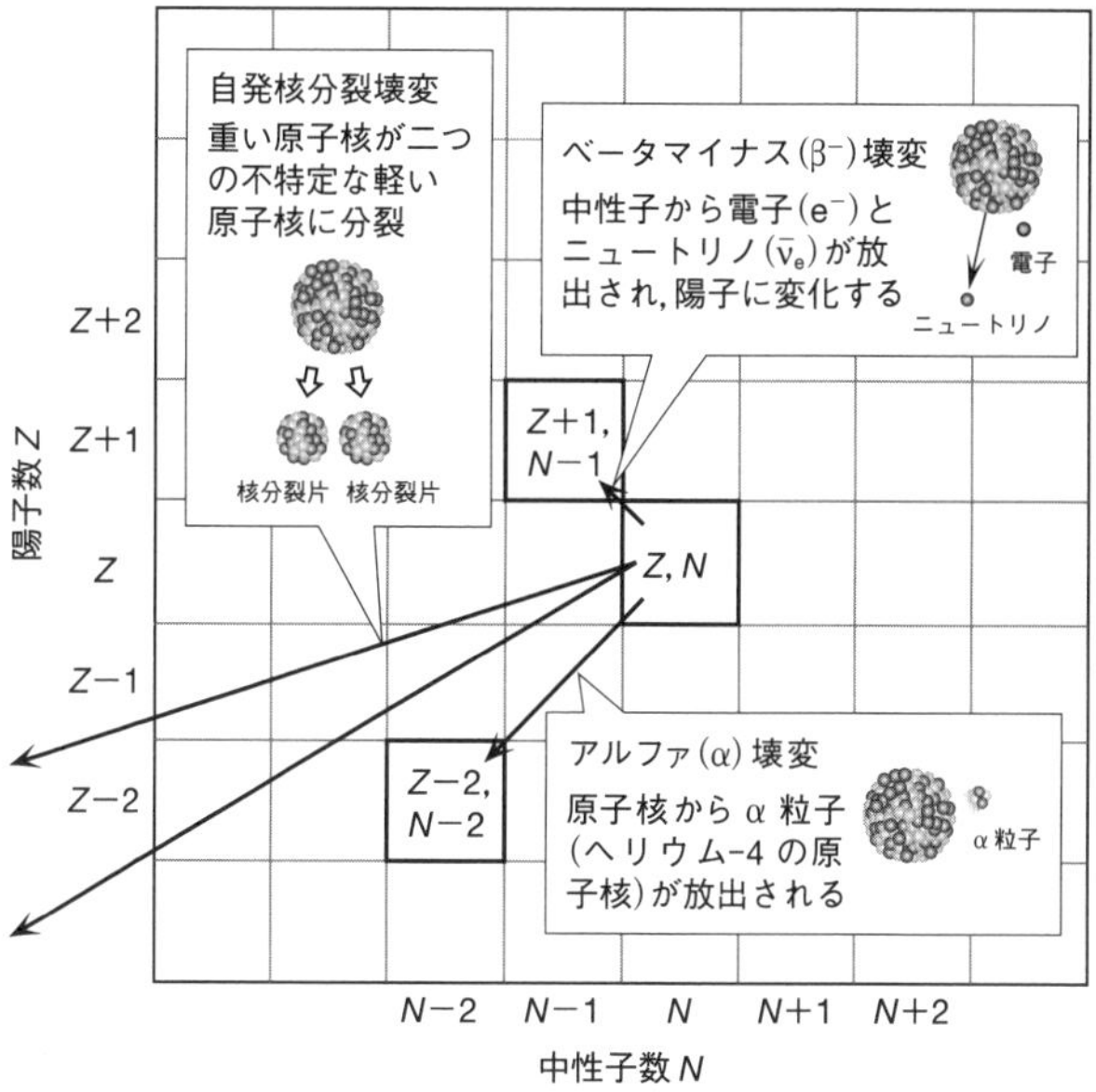

核図表上でみた放射壊変に伴う陽子数と中性子数の変化

半　減　期

半減期とは，ある放射性同位体の原子数が放射壊変によって半分まで減るのに要する時間のことです．**放射能**とは，放射性同位体が放射壊変を起こして別の同位体に変化する性質（能力）のことで，単位時間当たりに放射壊変する原子の個数で表します．単位には，ベクレル（Bq）を用います．放射能Aは，放射性同位体に固有の壊変定数λ（s^{-1}）と放射性同位体の原子数Nを用いて，以下の式で表すことができます．

$$A = \lambda N$$

図に，放射能が時間とともに減衰していく様子を示します．時間t（s）後の放射能Aは，

$$A = A_0 e^{-\lambda t}$$

で表すことができます．ここで，A_0は$t=0$の放射能です．壊変定数λと半減期$T_{1/2}$のあいだには，以下の関係があります．

$$\lambda = \frac{\ln 2}{T_{1/2}} \fallingdotseq \frac{0.693}{T_{1/2}}$$

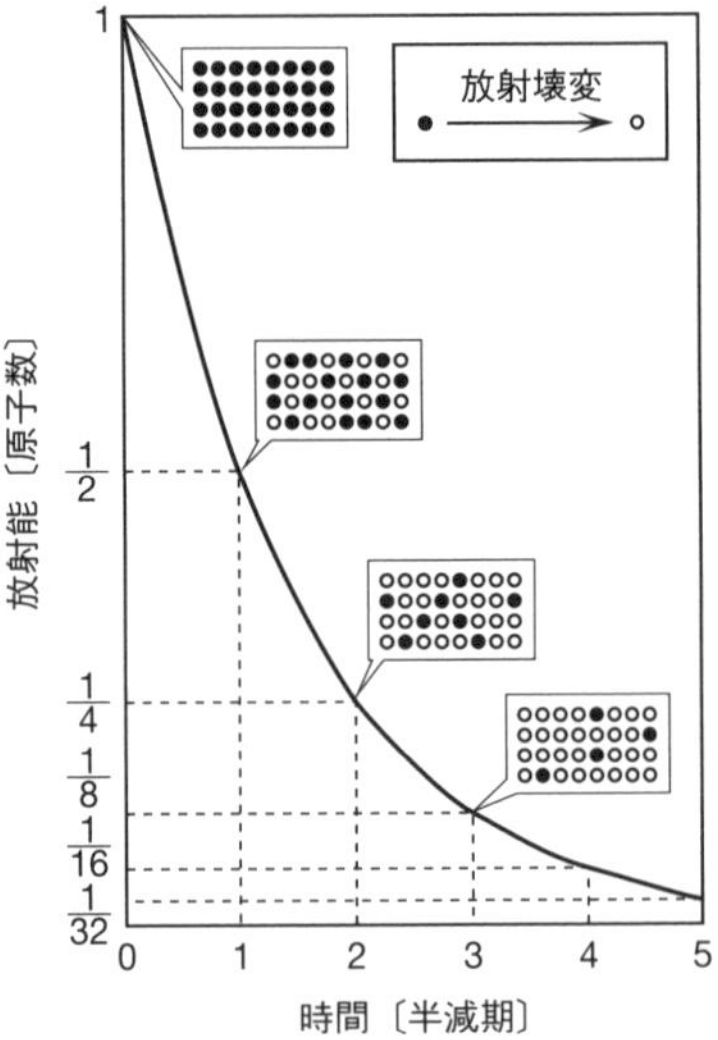

放射能の減衰

第3章　元素をつくる

天然元素と人工元素

現在、一一八種類の元素が知られています。図3・1の元素周期表に、人類が自然界から見いだした**天然元素**と、加速器や原子炉を用いて人工的につくり出した**人工元素**を区別して示しました。人工元素は、原子番号113のニホニウムNhを含めて、現在二九種類知られています。

一九三九年、フランスのマルグリット・ペレーは、89番元素アクチニウムAcの同位体、アクチニウム227のアルファ壊変生成物として、人類最後の天然元素、87番元素フランシウムFrを発見します。その後の新元素探索は、未知の陽子数をもつ原子核を人工的につくる時代へと移っていきます。図3・1に示した43番元素テクネチウムTc、61番元素プロメチウムPm、85番元素アスタチンAt、そして93番元素ネプツニウムNpから118番元素オガネソンOgまでの二六元素は、すべて人工的につくられ、発見されました。

元素を人工的につくる

二〇〇四年、理化学研究所（理研）の森田浩介（もりた・こうすけ）らの研究グループが発見したニホニウムは、一一三個の陽子と一六五個の中性子をもつ質量数278の同位体です。このニホニウム278は、図3・2に示したように、質量数209のビスマスBiの標的に、光速の一〇％程度まで加速した質量数70の亜鉛Znイオンビームを照射し、両者の原子核を融合させてつくられました。核融合によって生成した直後の中間状態は**複合核**とよばれ、大きなエネルギーをもっていて非常に不安定です。余分なエネルギーを放出するため、直ちに中性子（n）を一個切離し、最終的にニホニウム278として安定化します。この原子核反応の表し方を、表3・1と（表3・2の下の）コラムに示します。表3・1に、ニホニウム合成の核反応における陽子数と中性子数の変化も示しました。質量数は、陽子数と中性子数の和です。

原子番号 元素記号：天然元素　／　原子番号 元素記号（黒地）：人工元素

周期＼族	1	2	3	4	5	6	7	8	9	10	11	12	13	14	15	16	17	18
1	1 H																	2 He
2	3 Li	4 Be											5 B	6 C	7 N	8 O	9 F	10 Ne
3	11 Na	12 Mg											13 Al	14 Si	15 P	16 S	17 Cl	18 Ar
4	19 K	20 Ca	21 Sc	22 Ti	23 V	24 Cr	25 Mn	26 Fe	27 Co	28 Ni	29 Cu	30 Zn	31 Ga	32 Ge	33 As	34 Se	35 Br	36 Kr
5	37 Rb	38 Sr	39 Y	40 Zr	41 Nb	42 Mo	43 Tc	44 Ru	45 Rh	46 Pd	47 Ag	48 Cd	49 In	50 Sn	51 Sb	52 Te	53 I	54 Xe
6	55 Cs	56 Ba	57-71 ＊	72 Hf	73 Ta	74 W	75 Re	76 Os	77 Ir	78 Pt	79 Au	80 Hg	81 Tl	82 Pb	83 Bi	84 Po	85 At	86 Rn
7	87 Fr	88 Ra	89-103 †	104 Rf	105 Db	106 Sg	107 Bh	108 Hs	109 Mt	110 Ds	111 Rg	112 Cn	113 Nh	114 Fl	115 Mc	116 Lv	117 Ts	118 Og

＊ランタノイド	57 La	58 Ce	59 Pr	60 Nd	61 Pm	62 Sm	63 Eu	64 Gd	65 Tb	66 Dy	67 Ho	68 Er	69 Tm	70 Yb	71 Lu
†アクチノイド	89 Ac	90 Th	91 Pa	92 U	93 Np	94 Pu	95 Am	96 Cm	97 Bk	98 Cf	99 Es	100 Fm	101 Md	102 No	103 Lr

図3・1　元素周期表

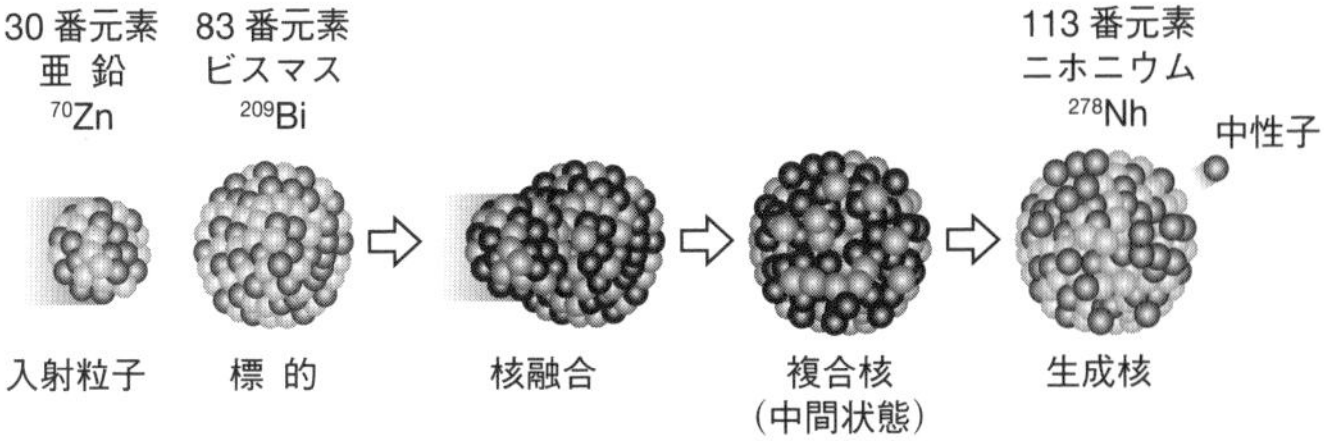

図 3・2　理化学研究所の研究グループが用いたニホニウム (^{278}Nh) 合成のための原子核反応の様子

原子核は＋1の正電荷をもった陽子と中性の中性子の集合体です。原子番号30の亜鉛の原子核は＋30、原子番号83のビスマスは＋83の正電荷をもっています。二つの原子核を融合させるには、＋30と＋83の大きな静電反発力に打勝ち、原子核どうしを衝突させる必要があります。このためには、亜鉛イオンを光速の一〇％程度にまで加速し、亜鉛イオンがもつ運動エネルギーを三・四九億電子ボルト（注1）まで増大する必要があります。核反応に必要なエネルギーは、われわれの身のま

表 3・1　ニホニウム (^{278}Nh) 合成反応における原子核内の陽子数と中性子数の変化

核反応式	^{209}Bi	+	^{70}Zn	→	^{278}Nh	+	n†
陽 子 数	83	+	30	=	113	+	0
中性子数	126	+	40	=	165	+	1
質 量 数	209	+	70	=	278	+	1

† n は放出される中性子を表す．

（注1）一電子ボルト（1eV）は、真空中で電子が電位差一ボルトの二点間で加速されるときに得るエネルギーに等しい。
$1\,eV \doteqdot 1.602\times10^{-19}\,J \doteqdot 3.829\times10^{-20}\,cal$ の関係がある。

わりで起こる燃焼などの化学反応に比べて一〇〇〇万倍もの大きなエネルギーです。

加速器と原子炉の発明

核反応に必要な大きなエネルギーは、どのようにして得られるのでしょうか。一九二九年、米国のアーネスト・ローレンス（図9・1参照）は、サイクロトロンとよぶ**加速器**を発明します。図3・3にサイクロトロンの原理を示します。**サイクロトロン**は、一様な磁場中に置かれた二つの半円形の電極から構成されています。荷電粒子（イオン）は、ま

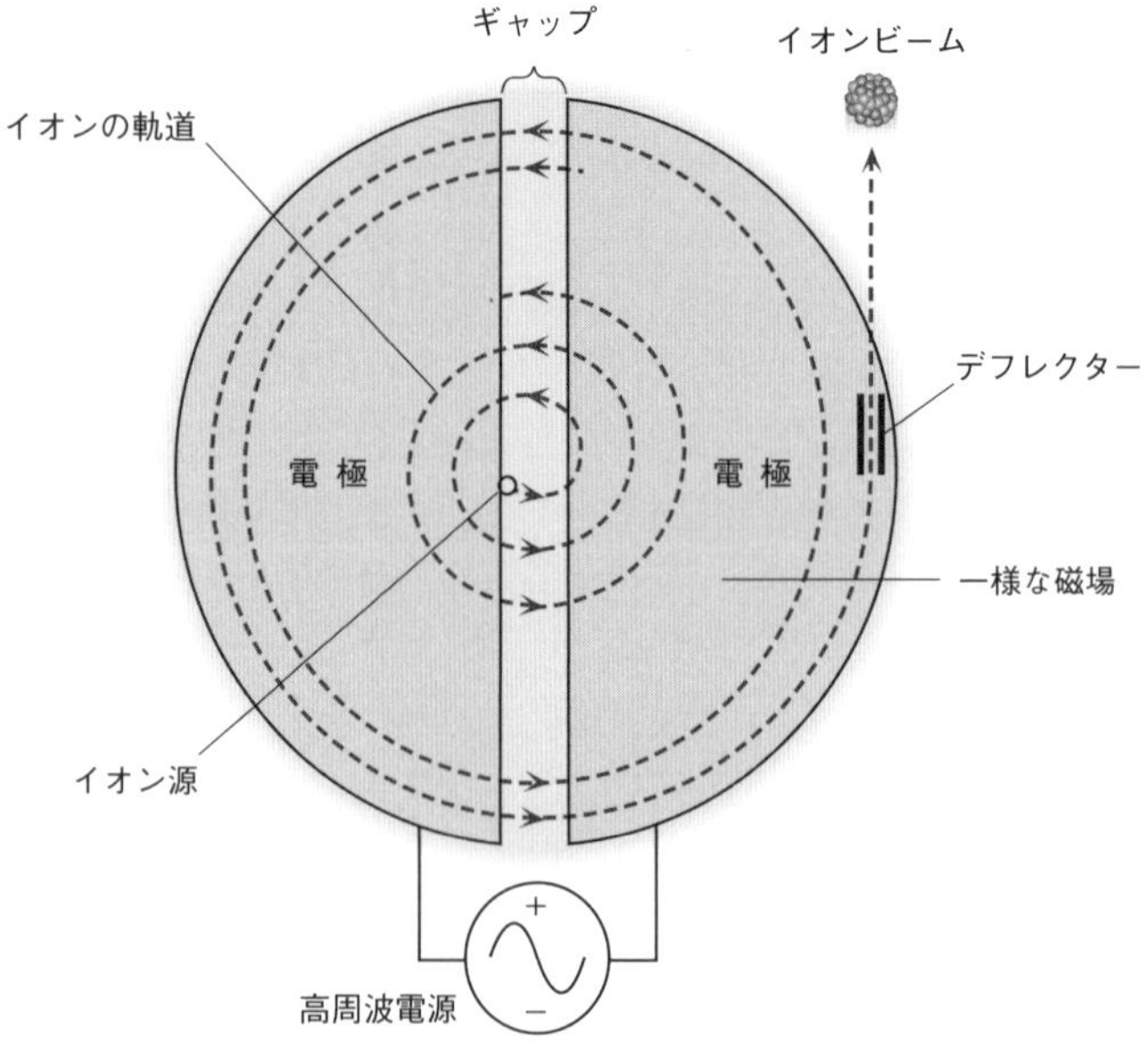

図 3・3 サイクロトロンの原理 紙面がイオンの軌道面とすると，磁場は表面（N 極）から裏面（S 極）へ向かう．

ずサイクロトロンの中心部のイオン源でつくられます。電極には高周波電圧が加えられ、イオンは電極のギャップで加速されます。イオンが磁場の中を運動するとき、ローレンツ力が働いて軌道が曲げられます。半周回って再びギャップに到達したとき、高周波電圧の位相は逆転しており、イオンは再び加速されます。イオンはギャップを通過するたびに加速され、軌道半径はどんどん大きくなります。最大エネルギーに到達したイオンは、電極の出口に配置されたデフレクターによって軌道が曲げられ、サイクロトロンの外に取出されます。

図 3・4　理化学研究所の第1号サイクロトロン
［写真：理化学研究所］

図3・4は、理研の仁科芳雄（図4・6参照）が一九三七年に理研に建設した国内初のサイクロトロンの写真です。このサイクロトロンは、世界で二基目のサイクロトロンです。加速器には、サイクロトロンのほかに、コッククロフト・ウォルトン型加速器、ファン・デ・グラフ型加速器、線形加速器、シンクロトロンなどがあります。線形加速器の原理については、第6章で解説します。

一九三九年、ドイツのオットー・ハーン（図9・5参照）とフリッツ・シュトラスマンは、原子番号92のウランUに中性子を照射し、ウランの原子核が二つに分裂する**核分裂**を発見します。核分裂が起こると、二つの核分裂片とともに複数個の中性子が生成します。この中性子が別のウランの原子核に捕獲されれば、図3・5に示したように、核分裂反応が連鎖的に起こります。

一九四二年、イタリア出身のエンリコ・フェルミ（図3・6）らは、米国シカゴ大学でこの連鎖反応を制御して核分裂を継続させ

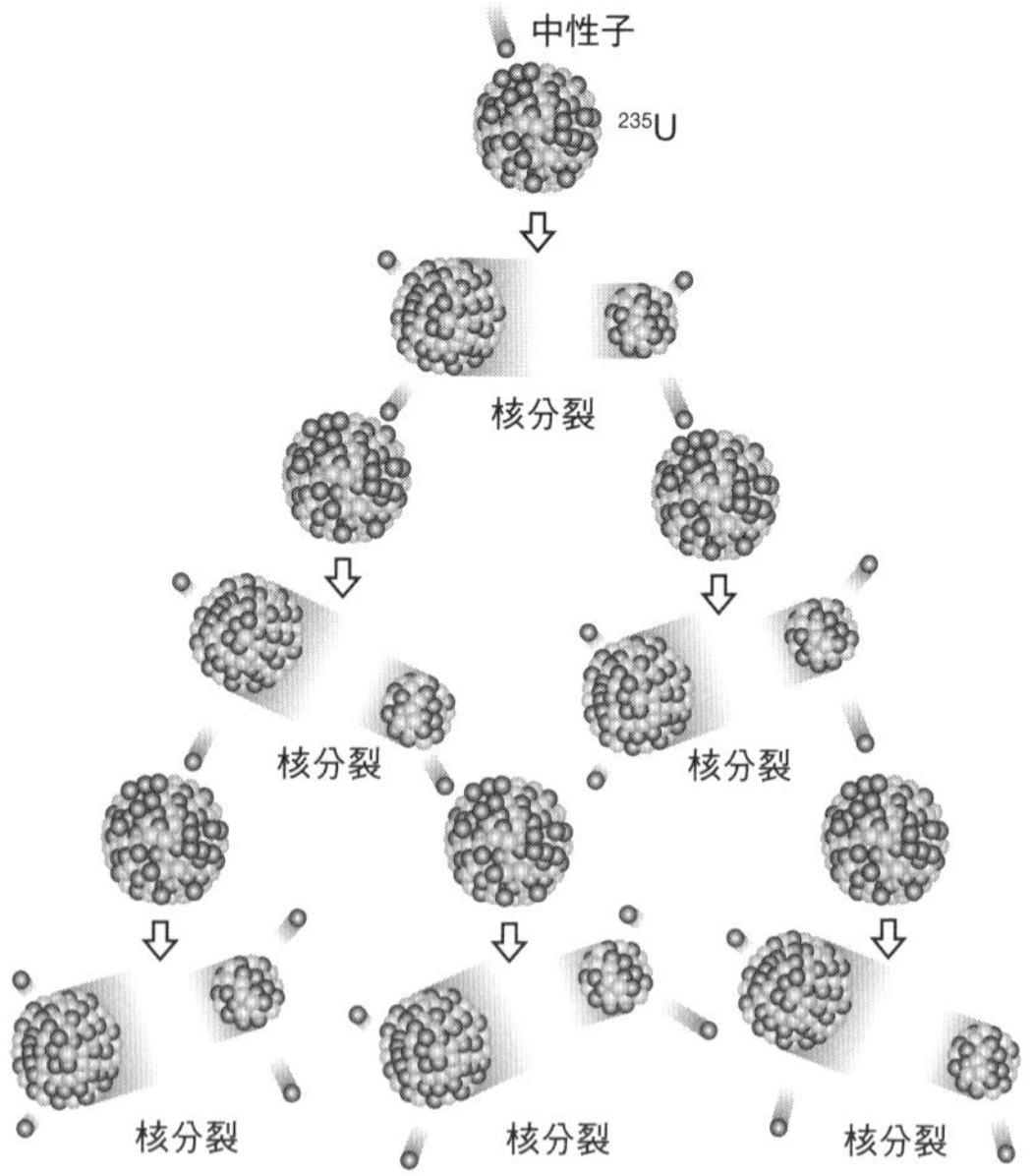

図 3・5　核分裂の連鎖反応の概念図

る世界初の**原子炉**を始動させます。中性子は電荷をもっていないので、静電反発力を受けず、容易に原子核の中に入っていくことができます。当然、電荷が0の中性子が原子核に捕獲されても陽子数（原子番号）は変化せず、新しい元素は生成しません。しかし、このとき生成する同位体が不安定で、放射壊変して原子核内の陽子数に変化が起こることがあります。たとえば、ベータマイナス壊変は、原子核内の中性子の一つが陽子に変化する放射壊変です（第2章コラム「放射壊変」参照）。ベータマイナス壊変が起これば、結果として、原子番号が一つ大きい元素の同位体が生成します。その後、原子炉はサイクロトロンなどの加速器とともに新元素探索のための重要な道具となっていきます。

図 3・6　エンリコ・フェルミ

人工元素 発見の歴史

表3・2に人工元素発見の歴史をまとめました。

人類最初の人工元素は、**43番元素テクネチウムTc**です。一九三七年、イタリアのエミリオ・セグレらは、米国カリフォルニア大学放射線研究所のサイクロトロンで加速した水素2のイオンを、天然同位体組成の42番元素モリブデンMo標的に照射し、75番元素レニウムReに似た化学的性

表 3・2 人工元素発見の歴史

原子番号	元素名	元素記号	発見年†1	発見国†2	合成核反応†3	半減期†4
43	テクネチウム	Tc	1937	伊	$^{nat}Mo(^{2}H, xn)^{nat+2-x}Tc$	—
61	プロメチウム	Pm	1947	米	$^{235}U(n, f)^{147}Pm$	3.7 y
85	アスタチン	At	1940	米	$^{209}Bi(^{4}He, 2n)^{211}At$	7.5 h
93	ネプツニウム	Np	1940	米	$^{238}U(n, \gamma)^{239}U \xrightarrow[\beta^{-}壊変]{} {}^{239}Np$	2.3 d
94	プルトニウム	Pu	1945	米	$^{238}U(^{2}H, 2n)^{238}Np \xrightarrow[\beta^{-}壊変]{} {}^{238}Pu$	—
95	アメリシウム	Am	1945	米	$^{239}Pu(2n, \gamma)^{241}Pu \xrightarrow[\beta^{-}壊変]{} {}^{241}Am$	～500 y
96	キュリウム	Cm	1945	米	$^{239}Pu(^{4}He, n)^{242}Cm$	～150 d
97	バークリウム	Bk	1950	米	$^{241}Am(^{4}He, 2n)^{243}Bk$	4.6 h
98	カリホルニウム	Cf	1950	米	$^{242}Cm(^{4}He, n)^{245}Cf$	45 min
99	アインスタイニウム	Es	1955	米	$^{238}U(15n, \gamma)^{253}U \xrightarrow[\beta^{-}壊変]{} \cdots \rightarrow {}^{253}Es$	～20 d
100	フェルミウム	Fm	1955	米	$^{238}U(17n, \gamma)^{255}U \xrightarrow[\beta^{-}壊変]{} \cdots \rightarrow {}^{255}Fm$	～16 h
101	メンデレビウム	Md	1955	米	$^{253}Es(^{4}He, n)^{256}Md$	～0.5 h
102	ノーベリウム	No	1966	ソ連	$^{243}Am(^{15}N, 4n)^{254}No$	＞3 s
103	ローレンシウム	Lr	1961	米	$^{249-252}Cf(^{10,11}B, xn)^{257}Lr$	8 s
			1965	ソ連	$^{243}Am(^{18}O, 5n)^{256}Lr$	45 s
104	ラザホージウム	Rf	1969	ソ連	$^{242}Pu(^{22}Ne, 4n)^{260}Rf$	0.3 s
			1969	米	$^{249}Cf(^{12}C, 4n)^{257}Rf$	4.5 s
105	ドブニウム	Db	1970	米	$^{249}Cf(^{15}N, 4n)^{260}Db$	1.6 s
			1971	ソ連	$^{243}Am(^{22}Ne, 5n)^{260}Db$ または $^{243}Am(^{22}Ne, 4n)^{261}Db$	1.4 s
106	シーボーギウム	Sg	1974	米	$^{249}Cf(^{18}O, 4n)^{263}Sg$	0.9 s

表 3・2 （つづき）

原子番号	元素名	元素記号	発見年†1	発見国†2	合成核反応†3	半減期†4
107	ボーリウム	Bh	1981	独	^{209}Bi(^{54}Cr, n)^{262}Bh	4.7 ms
108	ハッシウム	Hs	1984	独	^{208}Pb(^{58}Fe, n)^{265}Hs	1.8 ms
109	マイトネリウム	Mt	1982	独	^{209}Bi(^{58}Fe, n)^{266}Mt	3.5 ms
110	ダームスタチウム	Ds	1995	独	^{208}Pb(^{62}Ni, n)^{269}Ds	270 μs
111	レントゲニウム	Rg	1995	独	^{209}Bi(^{64}Ni, n)^{272}Rg	1.5 ms
112	コペルニシウム	Cn	1996	独	^{208}Pb(^{70}Zn, n)^{277}Cn	240 μs
113	ニホニウム	Nh	2004	日本	^{209}Bi(^{70}Zn, n)^{278}Nh	238 μs
114	フレロビウム	Fl	2004	露・米	^{242}Pu(^{48}Ca, 3n)^{287}Fl	0.51 s
115	モスコビウム	Mc	2010	露・米	^{249}Bk(^{48}Ca, 4n)^{293}Ts $\xrightarrow[\alpha\text{壊変}]{}$ ^{289}Mc	0.22 s
116	リバモリウム	Lv	2004	露・米	^{245}Cm(^{48}Ca, 2n)^{291}Lv	6.3 ms
117	テネシン	Ts	2010	露・米	^{249}Bk(^{48}Ca, 4n)^{293}Ts	14 ms
118	オガネソン	Og	2006	露・米	^{249}Cf(^{48}Ca, 3n)^{294}Og	0.89 ms

†1 元素認定の対象となった同位体の発見年（論文発表年）．
†2 伊：イタリア，米：米国，独：ドイツ，露：ロシアを表す．
†3 nat：天然同位体組成，x：放出される中性子（n）の数，γ：ガンマ線放出，f：核分裂を表す．
†4 発見当時の値．y：年，d：日，h：時間，min：分，s：秒を表す．

核反応の表し方

核反応式

標的核　入射核　生成核　放出粒子

^{209}Bi ＋ ^{70}Zn → ^{278}Nh ＋ n

簡略表記法

標的核　入射核　放出粒子　生成核

^{209}Bi(^{70}Zn, n)^{278}Nh

質をもつ新しい放射性元素が生成することを発見しました。人工合成されたテクネチウムは、「人工的な」を意味するギリシャ語に由来して命名されています。

人類二つ目の人工元素は、**85番元素アスタチンAt**です。一九四〇年、米国のデイル・コーソンとケネス・マッケンジー、セグレは、カリフォルニア大学放射線研究所のサイクロトロンで加速したヘリウム4イオン（アルファ粒子）をビスマス209に照射し、質量数211のアスタチンの同位体を合成しました。

■米国の独走

表3・2をみてわかるように、93番元素ネプツニウムから101番元素のメンデレビウムまでの超ウラン元素（注2）の発見は、米国の独壇場です。

一九四〇年、米国のエドウィン・マクミランとフィリップ・アベルソンは、カリフォルニア大学放射線研究所のサイクロトロンを用いて発生させた中性子を、92番元素のウラン238標的に照射し、ウラン239を生成しました。そして、ウラン239のベータマイナス壊変によって生じた質量数239の**93番元素ネプツニウムNp**を発見しました。

同年、米国のグレン・シーボーグ（図9・3参照）らは、ウラン238に水素2のイオンを照射して、93番元素のネプツニウム238をつくり出しました。ネプツニウム238は、半減期二日で原子番号が一つ大きい**94番元素プルトニウムPu**にベータマイナス壊変しました。プルトニウムの発見は、後述の95番元素アメリシウム、96番元素キュリウムとともに軍事機密とされ、戦後の一九四五年まで公表されませんでした。

95番元素アメリシウムAmは、原子炉から発生する中性子を用いて合成、発見された元素です。一九四四年、シーボーグらは、94番元素のプルトニウム239に中性子を吸収させ、まずプルトニウム240をつくりました。プルトニウム240の半減期は六五六三年もあり、壊変する前にさらに中性子を一個吸収して、プルトニウム241が生成しました。プルトニウム241は半減期一四・三五年で原子番号が一つ大きい新元素の同位体、アメリシウム241にベータマイナス壊変しました。

もう一つ原子炉を利用して発見された元素があります。一九四七年、米国のジェイコブ・マリンスキー、ローレンス・グレンデニンとチャールズ・コライエルは、ウラン235に原子炉で中性子を照射し、核分裂反応をひき起こさせました。そして、核分裂生成物を陽イオン交換クロマトグラフィーにより分析し、**61番元素プロメチウムPm**の同位体、プロメチウム147を発見しました。

96番から98番元素は、原子炉からの中性子照射でつくられた人工元素の標的物質と、加速器からのヘリウム4イオンビームを用いてつくり出された人工元素です。一九四四年、シーボーグらは、94番元素のプルトニウム239を標的とし、これにサイクロトロンで加速したヘリウム4イオンを照射して、**96番元素キュリウムCm**の同位体、キュリウム242をつくり出しました。同様に米国

（注2）　92番元素ウランUよりも大きな原子番号をもつ元素を総じて超ウラン元素とよぶ。

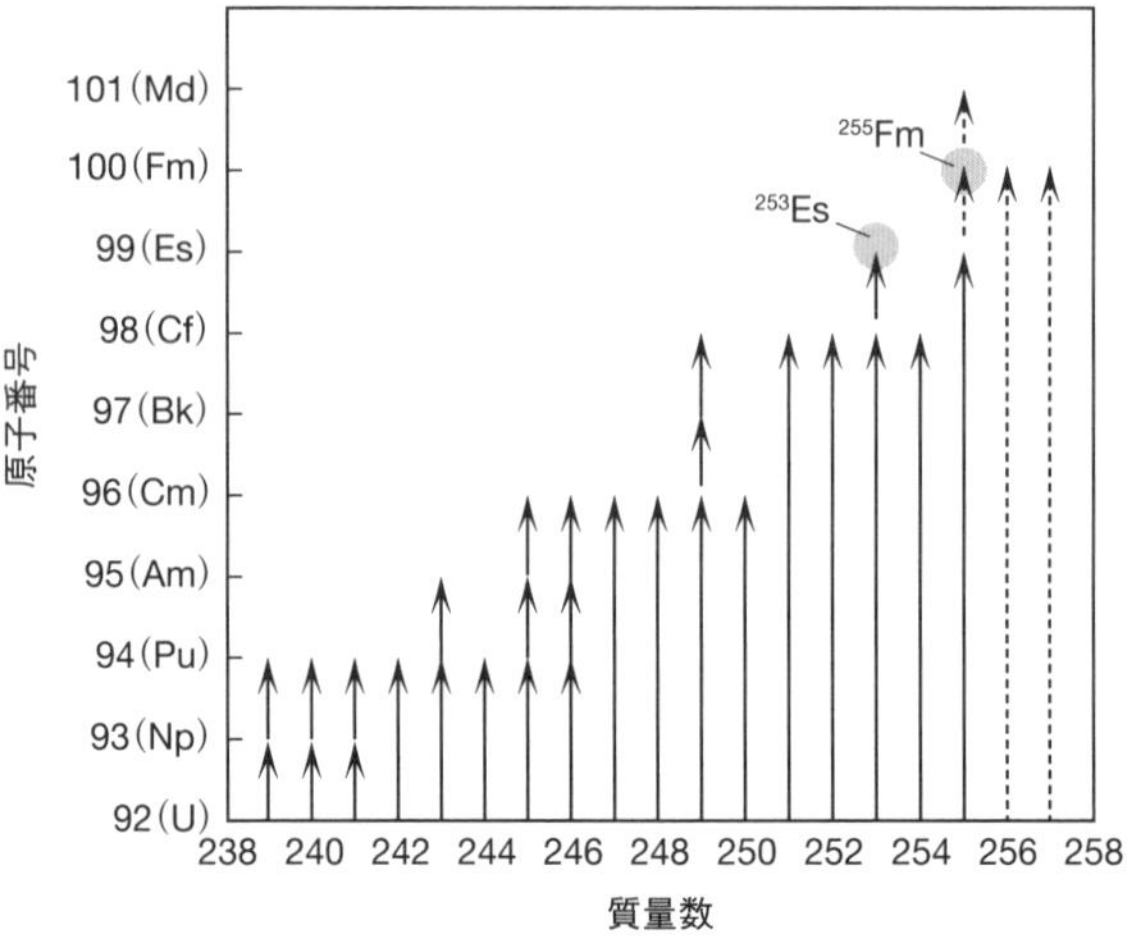

図 3・7　ウラン 238 から原子番号 99 のアインスタイニウム（Es）と原子番号 100 のフェルミウム（Fm）が生成する様子
矢印は，ベータマイナス（β^-）壊変して，原子番号が増大していく様子を示す．［D. C. Hoffman ほか，Chapter 6, "The Transuranium People: The Inside Story", Imperial College Press (2000)］

のスタンレー・トンプソンらは、一九五〇年、95番元素のアメリシウム241を標的とし、**97番元素バークリウムBk**の同位体、バークリウム243をつくりました。さらにトンプソンらは、96番元素のキュリウム242を標的とし、**98番元素カリホルニウムCf**の同位体、カリホルニウム245を合成しました。

■水爆実験のちりの中から

99番元素アインスタイニウムEsと**100番元素フェルミウムFm**は、水素爆弾（水爆）実験の直後、大気浮《ふ》遊塵《ゆうじん》の中から偶然発見された珍しい元素です。一九五二年、太平洋のマーシャル諸島エニウェトク環礁で米国による世界初の水爆実験が行われました。爆発の結果、高密度の中性子が発生し、起爆剤に使われていたウラン238が次々と中性子を捕獲して、ウラン253とウラン255が生成しました（図3・7）。ウラン253とウラン255は、ベータマイナス壊変を繰返して原子番号を増大させ、それぞれ最終的に新元素の同位体アインスタイニウム253、フェルミウム255となりました。当時これらの新元素の発見は、水爆実験とともに軍事機密とされ、一九五五年になってようやく公表されました。

101番元素メンデレビウムMdは、一九五五年、米国のアルバート・ギオルソらによって、原子炉で製造した99番元素の同位体アインスタイニウム253を標的に用い、これにサイクロトロンで加速したヘリウム4イオンを照射してつくられました。

■米ソ対立の時代へ

冷戦時代に入ると、米国とソビエト連邦（ソ連、現ロシア）とのあいだで熾烈《しれつ》な元素発見競争が繰広げられます。

102番元素ノーベリウムNoは、ソ連に初めて発見の優先権が認められた元素です。一九六六年、ソ連のゲオルギー・フレロフ（図9・6参照）らは、アメリシウム243標的に窒素15イオンを照射し、ノーベリウム254を合成しました。

103番元素ローレンシウムLr、104番元素ラザホージウムRf、105番元素ドブニウムDbの三元素は、米国とソ連がそれぞれ異なる核反応で合成に成功し、元素発見の優先権を分かち合います。米国の研究グループは、ローレンシウム257、ラザホージウム257、ドブニウム260を、ソ連のグループは、ローレンシウム256、ラザホージウム260、ドブニウム260またはドブニウム261を合成しました。

106番元素シーボーギウムSgは、再び米国が単独で発見の優先権を獲得します。一九七四年、ギオルソらは、原子炉でつくった98番元素のカリホルニウム249標的に酸素18イオンを照射し、新元素の同位体、シーボーギウム263の合成に成功しました。

■ 台頭するドイツ

表3・2をみてわかるように、原子番号の増大とともに同位体の半減期は急激に短くなっていきます。107番元素ボーリウムのような半減期が数ミリ秒しかない同位体はどのように発見されたのでしょうか。ドイツ重イオン研究所のゴットフリート・ミュンツェンベルクとジーグルト・ホフマンらは、SHIPとよぶ画期的な「反跳核分離装置」を開発し、一九八〇年代から一九九〇年代にかけて、鉛208またはビスマス209の標的に、クロム54、鉄58、ニッケル62、ニッケル64、亜鉛70のイオンを照射し、**107番元素ボーリウムBh**から**112番元素コペルニシウムCn**までの六元素を次々と発見しました。113番以降のすべての新元素の発見においても反跳核分離装置が使われています。反跳核分離装置を利用した元素合成については、第6章と第7章で詳しく解説します。

ドイツが新元素発見競争で独走するなか、ロシアと米国は共同研究グループを結成します。グループを率いたロシアのユーリ・オガネシアンらは、ロシア合同原子核研究所のサイクロトロンを利用し、カルシウム48のイオンビームとさまざまな人工アクチノイド元素標的（プルトニウム242、キュリウム245、バークリウム249、カリホルニウム249）との核融合反応によって、**114番元素フレロ**

ビウムFlから**118番元素オガネソンOg**までの五元素の合成に成功しました（第8章参照）。

■日本発、アジア初　二〇一五年の大晦日《おおみそか》、ドイツ対ロシア–米国連合の熾烈な新元素発見競争のなか、ついにアジアの国で初めて、日本が**113番元素**発見において優先権を獲得します。113番元素は、図3・2に示したように、ビスマス209の標的に理研の重イオン線形加速器を用いて加速した亜鉛70イオンビームを照射して発見されました。この実験は、第6章と第7章で詳しく説明します。

第４章　幻となった日本発の新元素

日本の科学者による新元素探索の試みは、113番元素ニホニウムが最初ではありません。本章では、幻の日本発の新元素となった**ニッポニウムと93番元素**について紹介します。

ニッポニウムの発見

図４・１は、一九〇九年に発表されたF・ローリングの元素周期表です。現在の周期表と比較して、族と周期が入れ代わっています。すなわち、化学的性質がよく似た元素が横方向に並んでいます。また、元素は原子番号の順ではなく、原子量の順に上から下へと並べられています。この周期表をよくみると、上から八段目、Ⅶ族のマンガンMnの右隣に、「Np」の元素記号を見つけることができます。現在の周期表にある93番元素ネプツニウムNpではありません。日本の小川正孝（図４・２）が、一九〇八年に発見を報告した「nipponium（ニッポニウム）」で、その原子量は「100」と記されています。ニッポニウムの右隣は、当時未発見の元素として空白になっています。

一九〇四年、第一高等学校（一八八六年に設立された最初の旧制高等学校）の教授であった小川正孝は、貴ガス元素の発見で著名なウィリアム・ラムゼーのもと、英国に留学します。小川は、ラムゼーからセイロン（現スリランカ）で新しく発見されたトリアナイトとよばれる鉱物を入手し、溶解、沈殿、蒸発や抽出などの分析化学的手法を駆使してトリアナイトに含まれる元素の分析を行いました。その結果、トリアナイトに新しい元素が含まれていることをつきとめます。小川は、こ

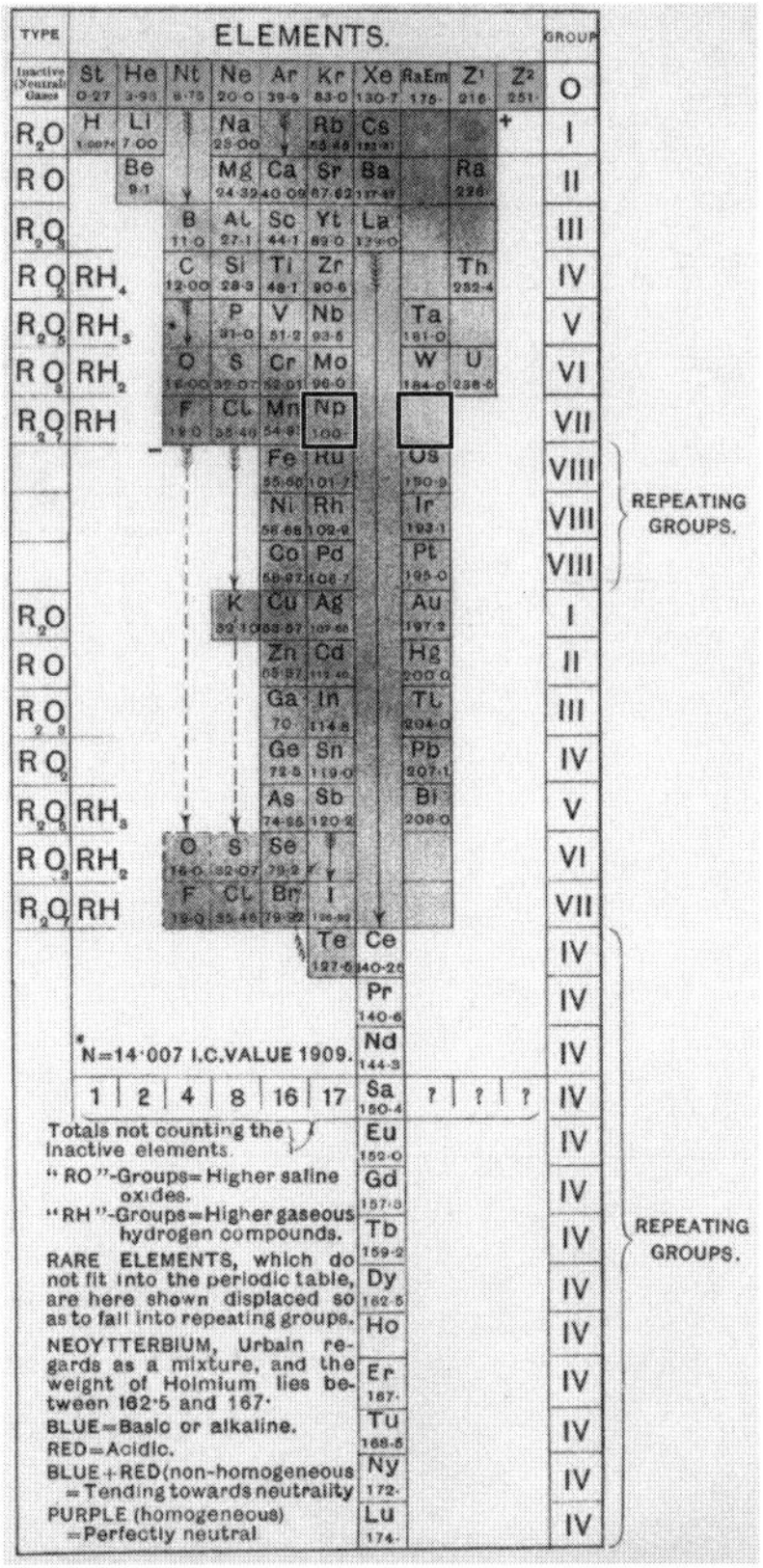

図 4・1　1909 年に発表された F. H. ローリングの元素周期表　現在の周期表と異なり，族と周期が逆になっている．元素は原子番号の順ではなく，原子量の順に並べられている．上から 8 段目，Ⅶ族のマンガン（Mn）の右隣には，小川正孝が 1908 年に発見を報告した原子量 100 のニッポニウム（Np）が記載されている．［F. H. Loring, *Chem. News*, Dec. 10, 281 (1909)］

図 4・2 小川正孝
(おがわ・まさたか)

の新元素の原子量を約100と見積もり、当時周期表の空所であったモリブデンMoとルテニウムRuの間に入るべき元素として、一九〇八年、英国の化学雑誌『*Chemical News*』に、新元素「nipponium（ニッポニウム）」、元素記号「Np」を提案しました。

帰国後、小川は、一九一一年に新設された東北帝国大学理科大学の教授・大学長に着任しました。小川は大学の若手研究者とともにニッポニウムの追試を続けましたが、実験はうまくいかず、ニッポニウムは周期表から消えてしまいます。小川がニッポニウムをおいた周期表の位置は、現在の周期表で43番元素テクネチウムTcの位置でした。テクネチウムは放射性元素で、安定な同位体は一つも知られていません。図1・2にみられるように、地球上には痕跡量（5×10^{-16}%）しか存在せず、小川の巧みな化学分析の技術をもってしても発見できる量ではありませんでした。一九三七年、イタリアのエミリオ・セグレらは、米国カリフォルニア大学放射線研究所のサイクロトロンで加速した水素2イオンを天然同位体組成のモリブデンに照射し、テクネチウムを人工的に合成して発見します。

ニッポニウムはレニウムだった

しかし、小川が報告したニッポニウムは本当に新元素ではなかったのでしょうか？　一九九〇年代から二〇〇〇年代にかけて、東北大学名誉教授の吉原賢二の調査によって、小川が発見した新元素が、実は原子番号75のレニウムReであったことがわかったのです。小川は、化学精製した新元素の塩化物の化学式をMCl_2と仮定し（Mは金属元素を表す）、ニッポニウムの原子量を約100と見積もってしまいました。もし、化学式を正しく$MOCl_4$としていたなら、小川が発見した新元素の原子量は185となり、小川は図4・1のNpのさらに二つ右隣、タングステンWとオスミウムOsの間の空所（現在のレニウムの位置）にニッポニウムをおいたと考えられます。

それでは、レニウムはどのようにして発見されたのでしょうか。一九一三年、英国のヘンリー・モーズリーは、元素の原子番号を特性X線（注1）の波長によって同定するという画期的な元素同定法を発表します。この手法を用いて、一九二五年、ドイツのウォルター・ノダック、イダ・タッケとオットー・ベルグによって、レニウムはコルンブ石から発見されました。小川正孝が新元素を

（注1）　物質に高エネルギーの電子をぶつけると、標的原子の軌道電子をはじきとばすことがある。空位となった電子軌道に、よりエネルギー準位の高い軌道から電子が遷移すると、このエネルギー差が特性X線とよぶ電磁波となって放出される。特性X線のエネルギー（波長、周波数）は、元素に固有の値をとる。

ニッポニウムとして報告した一七年後のことでした。当時の日本には、小川の試料を分析できるような最先端のX線分光器はなく、ニッポニウムは幻の新元素となりました。東京帝国大学の木村健二郎（図4・6参照）と東北帝国大学の青山新一は、一九三〇年、小川のニッポニウムを特性X線（$L_{\beta 1}$と$L_{\beta 2}$）によりレニウムと確認していましたが（図4・3）、時は遅く、この事実は公表されませんでした。

二〇一三年、小川正孝のニッポニウム研究資料は、日本の化学分野の歴史資料のなかでも特に貴重な資料として、日本化学会の化学遺産に認定されています。吉原は、小川のニッポニウム研究の化学史的意義を次のように述べています。

「ニッポニウムは小川が明治時代という日本の化学の黎明期に元素発見という大仕事に挑戦した『しるし』である。小川は元素発見にほとんど成功し、ただ周期表の位置を一つ上にずらしてしまった。実質的な発見者である

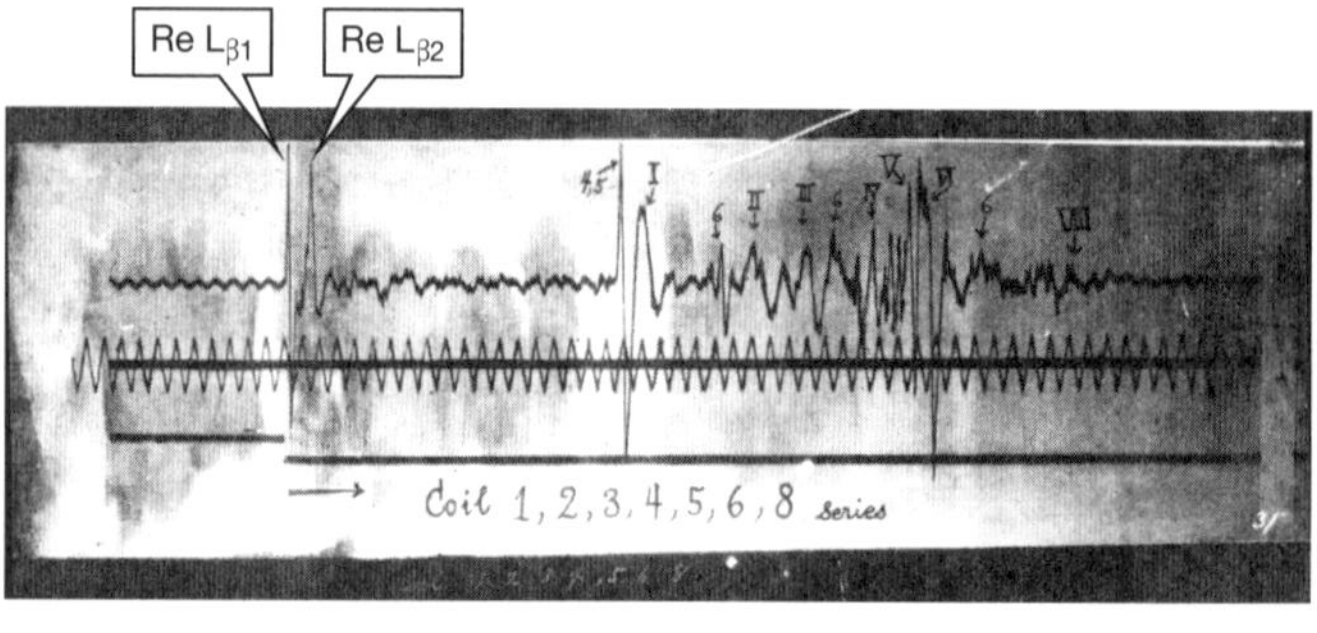

図 4・3　ニッポニウムのX線分光分析結果の写真　レニウムの特性X線（Re $L_{\beta 1}$ と Re $L_{\beta 2}$）が確認できる．［H. K. Yoshihara, *Proc. Jpn. Acad. Ser. B*, **84**, 232 (2008)］

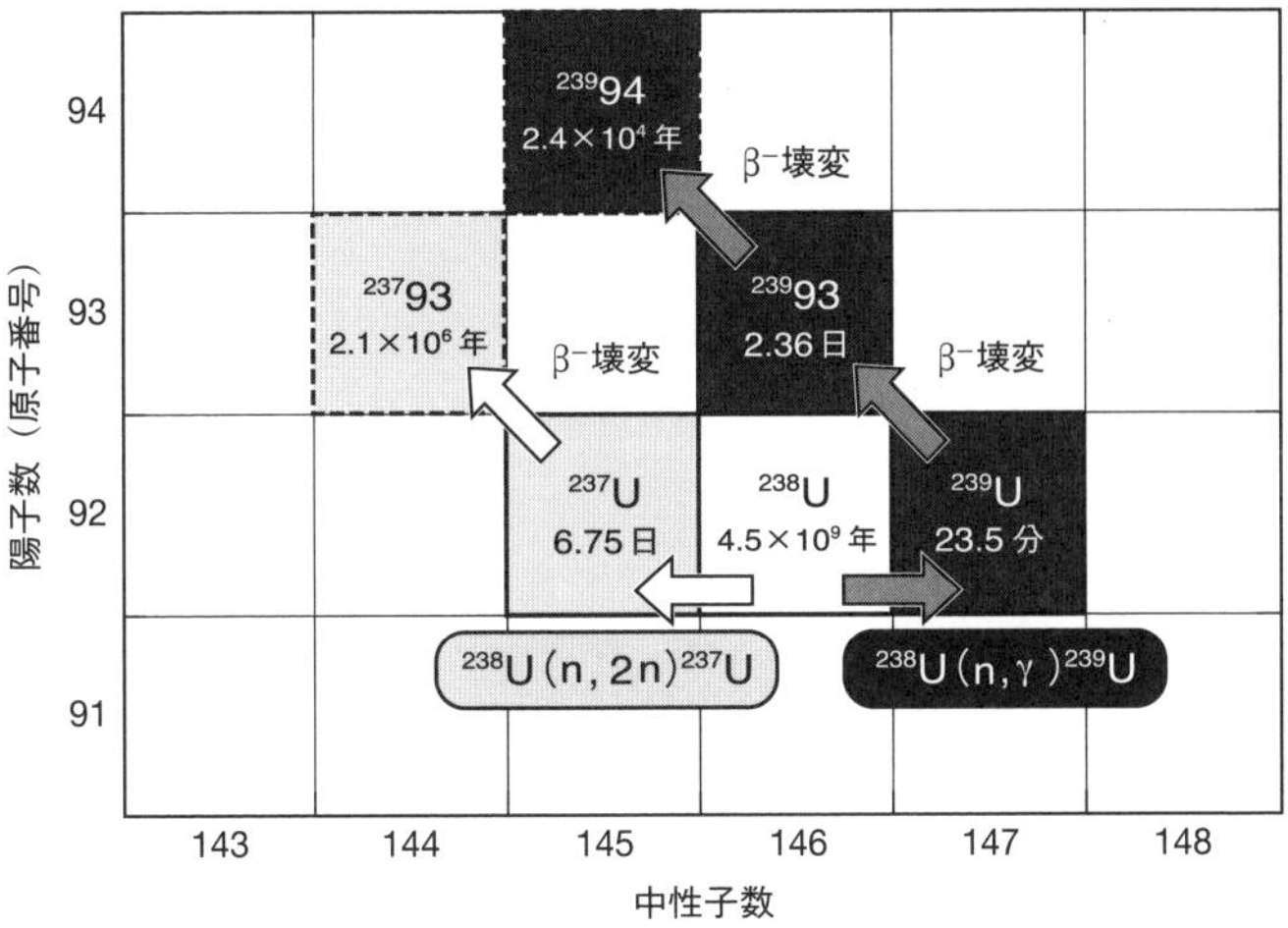

図 4・4　核図表上でみた 93 番元素の発見　^{238}U(n, γ)^{239}U は，エドウィン・マクミランとフィリップ・アベルソンによる合成法．一方，^{238}U(n, 2n)^{237}U は，仁科芳雄と木村健二郎らによる合成法．U はウラン，各同位体の下に半減期（現在の値）を示す．

が、公式的に認められることはなかった。小川の努力は日本の化学史上忘れてはならないものと思う。その意味で今回の化学遺産の認定は後輩化学者たちの奮起を促すもので、意義深い。」

もう一つの幻　93番元素ネプツニウム

原子番号93のネプツニウムNpは、一九四〇年、米国のエドウィン・マクミランとフィリップ・アベルソンによって発見されました。マクミランとアベルソンは、カリフォルニア大学放射線研究所のサイクロトロンを用いて発生させた「遅い（エネルギーが低い）」中性子ビームを質量数238のウランUに照射し、中性子を一つ吸収させて質量数239のウランをつくりました。このウラン239は放射性同位体で、半減期二三・五分でベータマイナス（β⁻）壊変します。ベータマイナス壊変が起こると、原子核内の中性子の一つが陽子に変化するため、原子番号が一つ大きな元素の同位体となります。すなわち、図4・4の核図表に示したように、ウラン239がベータマイナス壊変した結果、原子番号93の新しい元素の同位体が生成します。

マクミランとアベルソンは、まず中性子照射で生成したウラン239を副反応生成物から化学分離し、フッ化水素酸の溶液としました。ウラン239から壊変した生成物はごく微量であるため、沈殿をつくってウラン溶液から分離することができません。そこで、58番元素セリウムCeを加え、生成物をセリウムのフッ化物とともに二〇分ごとに繰返し沈殿させ、放射線計測を行いました。その結果、ウラン239のベータマイナス壊変によって新元素、すなわち、半減期二・三日（発見当時の値）、質量数239の93番元素が生じたことを確認しました。

図4・5に93番元素発見当時の元素周期表を示します。この周期表では、57番元素ランタンLaから71番元素ルテチウムLuまでの一四元素は、現在の周期表と同様、「希土類」元素グループのランタノイド元素として、周期表の下段に並べられています。ところが、93番元素は75番元素レニウムReの下におかれており、周期表の予測に従ってレニウムとよく似た化学的性質を示すと予想されていました。しかし、マクミランとアベルソンは、93番元素の化学的性質を慎重に調べ、レ

Period	Group 1	2	3	4	5	6	7	8	9	10	11	12	13	14	15	16	17	18
I																	1 H 1·0080	2 He 4·003
II	3 Li 6·940	4 Be 9·02											5 B 10·82	6 C 12·010	7 N 14·008	8 O 16·0000	9 F 19·00	10 Ne 20·183
III	11 Na 22·997	12 Mg 24·32	—										13 Al 26 97	14 Si 28·06	15 P 30·98	16 S 32·06	17 Cl 35·457	18 A 39·944
IV	19 K 39·096	20 Ca 40·08	21 Sc 45·10	22 Ti 47·90	23 V 50·95	24 Cr 52·01	25 Mn 54·93	26 Fe 55·85	27 Co 58 94	28 Ni 58·69	29 Cu 63·57	30 Zn 65 38	31 Ga 69·72	32 Ge 72·60	33 As 74·91	34 Se 78·96	35 Br 79·916	36 Kr 83·7
V	37 Rb 85·48	38 Sr 87·63	39 Y 88·92	40 Zr 91·22	41Nb 92·91	42 Mo 95·95	43 —	44 Ru 101 7	45 Rh 102·91	46 Pd 106·7	47 Ag 107·880	48 Cd 112·41	49 In 114 76	50 Sn 118·70	51 Sb 121·76	52 Te 127·61	53 I 126·92	54 X 131·3
VI	55 Cs 132·91	56 Ba 137·36	57–71 Rare Earths†	72 Hf 178·6	73 Ta 180·88	74 W 183·92	75 Re 186·31	76 Os 190·2	77 Ir 193·1	78 Pt 195·23	79 Au 197·2	80 Hg 200·61	81 Tl 204 39	82 Pb 207·21	83 Bi 209·00	84 Po 210	85 —	86 Rn 222
VII	87AcK 223	88 Ra 226·05	89 Ac 227	90 Th 232·12	91 Pa 231	92 U 238·07	93 —											

† Rare Earths.

VI 57–71	57 La 138·92	58 Ce 140·13	59 Pr 140·92	60 Nd 144·27	61 —	62 Sm 150·43	63 Eu 152·0	64 Gd 156·9	65 Tb 159·2	66 Dy 162·46	67 Ho 164 94	68 Er 167·2	69 Tu 169·4	70 Yb 173·04	71 Lu 174·99

図 4・5　1940年ころの元素周期表　90番元素トリウム（Th），91番元素プロトアクチニウム（Pa），92番元素ウラン（U）と93番元素は，現在の周期表第3族のアクチノイドではなく，それぞれ第4〜7族に配置されている．［F. A. Paneth, *Nature*, **149**, 565（1942）］

図 4・6　木村健二郎（きむら・けんじろう，左）**と仁科芳雄**（にしな・よしお，右）

ニウムよりはむしろウランに似ていることを見いだし、第二の「希土類」グループの存在を示唆しました。現在の周期表では、89番元素アクチニウムAcから103番元素ローレンシウムLrまでの一五元素は、**アクチノイド**元素とよばれ、互いに化学的性質がよく似た第3族元素として周期表の下段にランタノイド元素とともに並べられています。

仁科と木村らによる93番元素探索

マクミランとアベルソンによる93番元素の発見は、一九四〇年、米国物理学会の雑誌である『*Physical Review*』の第五七巻、一一八五頁に掲載されました。この論文よりわずか三頁前、理化学研究所（理研）の仁科芳雄と東京帝国大学の木村健二郎（図4・6）らによる93番元素の探索論文が掲載されています。

仁科と木村らは、一九三七年に完成した理研の第一号サイクロトロン（図3・4参照）を用いて発生させた「速い（エネルギーが高い）」中性子ビームをウラン238に照射し、ウランの新同位体ウラン237を合成しました（図4・4）。そしてこの新同位体が六・五日の半減期（発見当時の値）で、ベータマイナス壊変することを確認しました。すなわち、仁科と木村らは、ウラン237のベータマイナス壊変生成物として、質量数237の93番元素の同位体を手にしていたことになります。

仁科と木村らは、当時の周期表（図4・5）から93番元素が75番元素レニウムReとよく似た化学的性質をもつと考え、93番元素をレニウムとともに化学分離してベータ線とアルファ線を計測しました。しかし、93番元素の化学的性質はレニウムと異なり、93番元素を同定することはできませんでした。もちろん、仁科と木村がマクミランとアベルソンのように化学分離がうまくできていたとしても、質量数237の93番元素の同位体の半減期は二一〇万年もあり、非常に安定なため、当時の放射線測定器の検出感度では同定できなかったかもしれません。

93番元素は、元素名が天王星（Uranus）に由来するウランの隣に位置する元素であることから、海王星（Neptune）にちなんでネプツニウムNpと命名されました。ネプツニウムの元素記号に、小川が提案したニッポニウムと同じ元素記号「Np」が用いられたことは偶然ですが、93番元素が仁科と木村らが取り逃がした元素であると思うと、筆者は惜しくてなりません。

その後、米国、ロシアとドイツの研究グループによって、94番以降の元素が次々と合成、発見されていきます。この熾烈《しれつ》な競争のなかに、ついにアジアの国で初めて、理研の森田浩介率いる日本の研究グループが113番元素の発見に成功しました。二〇一五年の大晦日《おおみそか》、国際純正・応用化学連合（IUPAC《アイユーパック》）（注2）は、113番元素発見の優先権が理研の森田グループにあると公表しました。森田グループは、113番元素の元素名として、日本の国名にちなんだ「nihonium（ニホニウム）」、元素記号として「Nh」を提案しました。森田グループは、nihoniumの元素名をIUPACに提案するとき、忘れ去られた小川のニッポニウムについて紹介しました。これを受け、IUPACは、世界に向けて次のように公表しています。

While presenting this proposal, the team headed by Professor Kosuke Morita pays homage to the trailblazing work by Masataka Ogawa done in 1908 surrounding the discovery of element 43.

（この元素名を提案するとき、森田浩介教授が率いる研究チームは、一九〇八年に小川正孝によってなされた43番元素の発見に関する先駆的な研究に敬意を表しています。）

（注2） International Union of Pure and Applied Chemistry（IUPAC）

第５章　超重元素の合成指南

安定の島と魔法数

原子核は、核子とよばれる陽子と中性子の二種類の粒子からできています。核子を構成する粒子の間には、強い引力（核力）が働いています。しかし、原子核にどんどん陽子を詰めていくと、正の電荷をもつ陽子どうしの反発力が増大し、原子核は核分裂して壊れやすくなっていきます。

重い元素の存在限界は、原子核内の陽子どうしの反発力と核子の間に働く引力のバランスによって決まります。一九三九年、原子核を水分子からなる液滴のように考え、原子核の質量や核分裂壊変が説明されました。この巨視的な液滴模型によれば、原子番号が100よりも大きくなると、原子核は直ちに核分裂してしまうと予測されます。すなわち、100番元素フェルミウムFmあたりが存在できる最後の元素となります。

しかし、われわれはフェルミウムよりも原子番号が大きい113番元素ニホニウムNhや118番元素オ

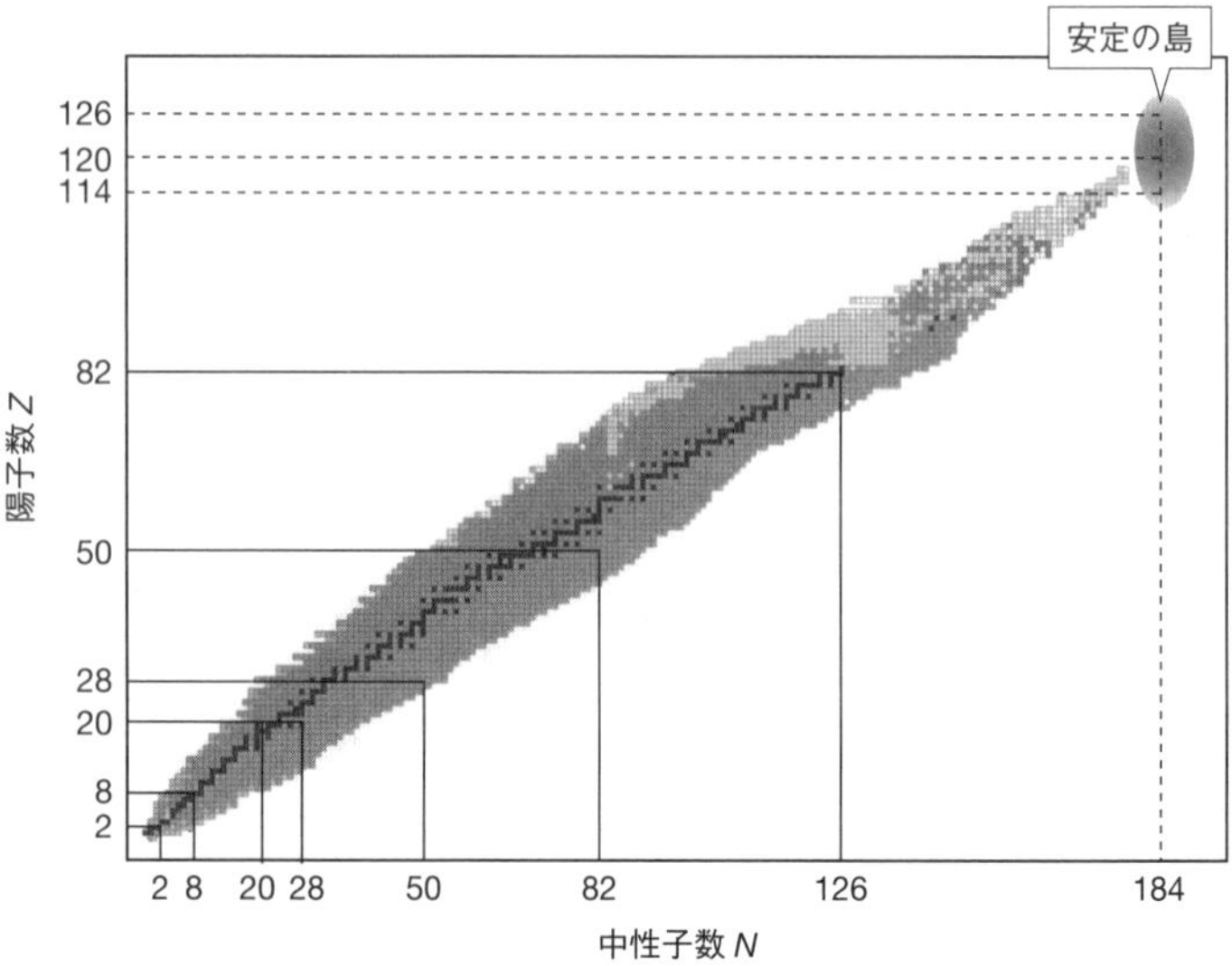

図 5・1 安定の島と魔法数 ■は安定な同位体，それ以外は放射性同位体．原子核が閉殻構造をとって安定化する魔法数を実線または破線で示す．［Z. Sóti ほか，*EPJ Nucl. Sci. Technol.*, **5**, 6 (2019)］

ガネソンOgなどの原子核が存在することを知っています。原子が周期表の第18族にならぶ貴ガス元素の電子配置（閉殻電子構造）をとって化学的に安定化するように、原子核もある陽子数Zと中性子数Nで閉殻構造となり、放射壊変に対して安定化できるのです。この特別な数を**魔法数**または**マジックナンバー**とよびます。魔法数は、ニホニウムなどの重い元素の存在を予測するうえで、重要な手がかりになります。

魔法数には、陽子数では2、8、20、28、50、82、中性子数では2、8、20、28、50、82、126が知られています。図5・1の核図表に魔法数を示します。陽子数と中性子数がともに魔法数である原子核は特に安定です。ヘリウム４（陽子数２、中性子数２）、酸素16（陽子数８、中性子数８）、カルシウム40（陽子数20、中性子数20）、カルシウム48（陽子数20、中性子数28）、鉛208（陽子数82、中性子数126）は、二重魔法数である原子核の代表例です。二重魔法数の原子核はサッカーボールのような球形をしていると考えられています。鉛208よりも重い原子核領域での魔法数はいくつになるのでしょうか。

原子核は、ラグビーボールのように変形することによって安定化することもあります。一九六〇年代、液滴模型に殻の効果を取入れた原子核模型（巨視的・微視的模型）が登場し、陽子数100、中性子数152や、陽子数108、中性子数162の変形閉殻構造が予測され、実験的に検証されてきました。さらに重い原子核領域では、二重魔法数である陽子数114、中性子数184の球形閉殻構造が予測され、ここに半減期が一〇〇万年以上の長寿命の原子核が存在すると予測されました。この安定な原子核領域は、核図表を地図に見立てたとき「島」のようにみえるため（図５・１）、**安定の島**とよばれるようになりました。一九六〇年代以降、この「安定の島」にたどり着くことは原子核物理学者や核化学者の大きな目標となっています。近年研究が進められている純粋な微視的模型においても、理論模型によって陽子魔法数の予測にばらつきはありますが、陽子数120、中性子数184または陽子数126、中性子数184などの閉殻構造が予測されています。

超重元素をつくる

原子番号100以上の元素は、すべて重イオン加速器を利用し、核融合反応によって人工的につくられてきました。最近では、104番元素ラザホージウムRf以降の元素を**超重元素**とよぶようになってきました。超重元素は、現在、ラザホージウムから118番元素オガネソンまでの一五種類が知ら

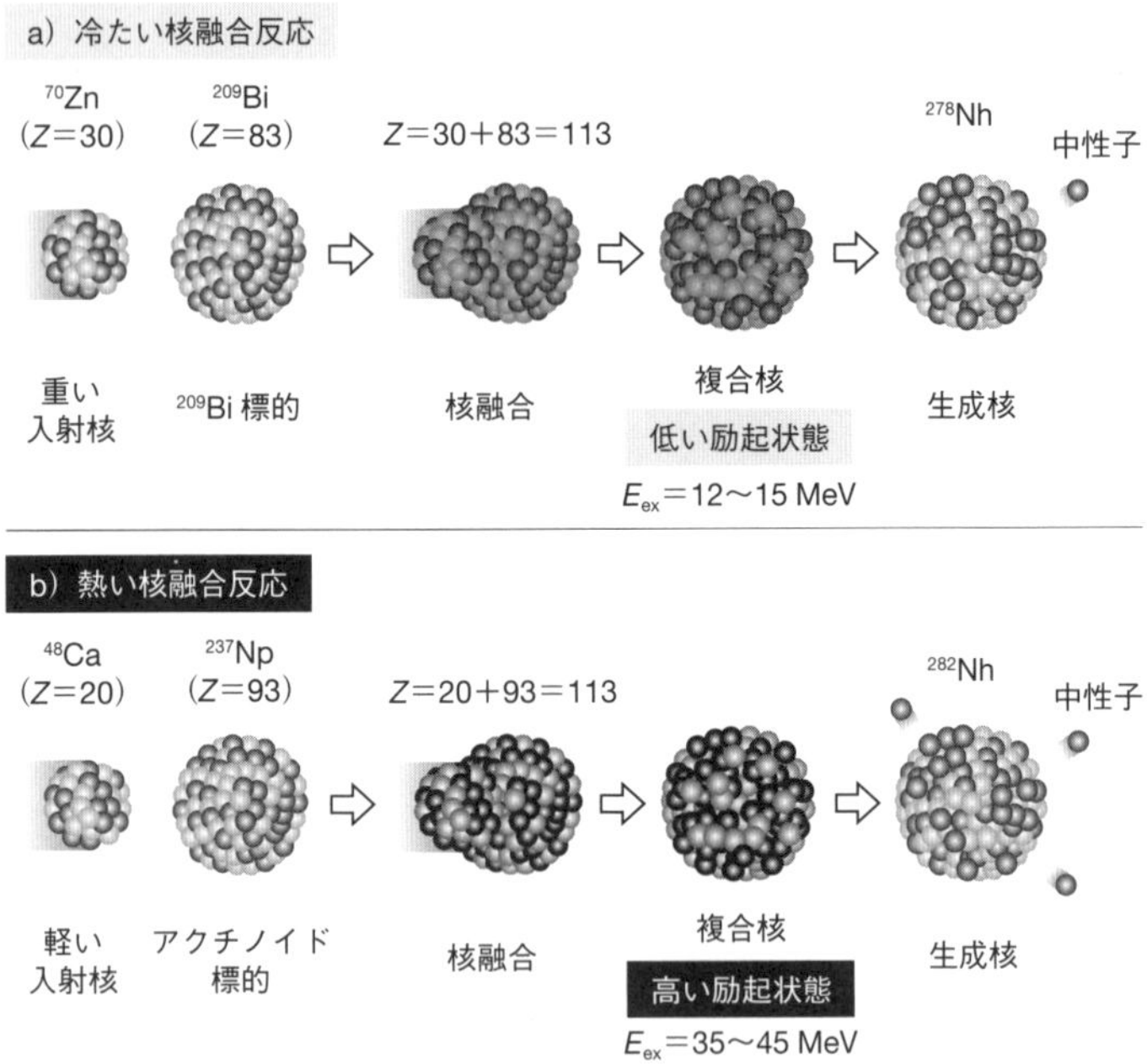

図 5・2　超重元素をつくるための冷たい核融合反応（a）**と熱い核融合反応**（b）　113番元素ニホニウム（Nh）の同位体を合成するときの比較．Znは亜鉛，Biはビスマス，Caはカルシウム，Npはネプツニウム，Zは陽子数，E_{ex}は複合核の励起エネルギーを表す．

れています。超重元素は、米国ローレンス放射線研究所（ＬＲＬ）[注1]、現ローレンス・バークレー国立研究所（ＬＢＮＬ）[注2]、ソビエト連邦・ロシアの合同原子核研究所（ＪＩＮＲ）[注3]、ドイツ重イオン研究所（ＧＳＩ）[注4]、日本の理化学研究所（理研）の重イオン加速器を用いて人工的に合成、発見されてきました（36、37ページ表３・２も参照）。

超重元素は、サイクロトロンや線形加速器などの加速器を利用して、重イオンを光速の約一〇％にまで加速し、これを標的原子核に衝突させ、核融合反応によって合成されます。超重元素をつくる核融合反応には、図５・２に示した「冷たい核融合反応」と「熱い核融合反応」の二通りの手法が用いられてきました（表５・１）。

冷たい核融合

二つの原子核がうまく融合すれば、複合核とよばれる一つの新しい原子核が形成されます。複合

（注１） Lawrence Radiation Laboratory（LRL）
（注２） Lawrence Berkeley National Laboratory（LBNL）
（注３） Joint Institute for Nuclear Research（JINR）
（注４） Gesellschaft für Schwerionenforschung（GSI），現GSI Helmholtzzentrum für Schwerionenforschung GmbH（GSI）

表 5・1　超重元素の発見に用いられた核反応

原子番号	元素名	元素記号	核反応	核反応の種類
104	ラザホージウム	Rf	$^{242}Pu(^{22}Ne, 4n)^{260}Rf$ $^{249}Cf(^{12}C, 4n)^{257}Rf$	熱い
105	ドブニウム	Db	$^{249}Cf(^{15}N, 4n)^{260}Db$ $^{243}Am(^{22}Ne, 5n)^{260}Db$ $^{243}Am(^{22}Ne, 4n)^{261}Db$	熱い
106	シーボーギウム	Sg	$^{249}Cf(^{18}O, 4n)^{263}Sg$	熱い
107	ボーリウム	Bh	$^{209}Bi(^{54}Cr, n)^{262}Bh$	冷たい
108	ハッシウム	Hs	$^{208}Pb(^{58}Fe, n)^{265}Hs$	冷たい
109	マイトネリウム	Mt	$^{209}Bi(^{58}Fe, n)^{266}Mt$	冷たい
110	ダームスタチウム	Ds	$^{208}Pb(^{62}Ni, n)^{269}Ds$	冷たい
111	レントゲニウム	Rg	$^{209}Bi(^{64}Ni, n)^{272}Rg$	冷たい
112	コペルニシウム	Cn	$^{208}Pb(^{70}Zn, n)^{277}Cn$	冷たい
113	ニホニウム	Nh	$^{209}Bi(^{70}Zn, n)^{278}Nh$	冷たい
114	フレロビウム	Fl	$^{242}Pu(^{48}Ca, 3n)^{287}Fl$	熱い
115	モスコビウム	Mc	$^{249}Bk(^{48}Ca, 4n)^{293}Ts \xrightarrow[\alpha 壊変]{} {}^{289}Mc$	熱い
116	リバモリウム	Lv	$^{245}Cm(^{48}Ca, 2n)^{291}Lv$	熱い
117	テネシン	Ts	$^{249}Bk(^{48}Ca, 4n)^{293}Ts$	熱い
118	オガネソン	Og	$^{249}Cf(^{48}Ca, 3n)^{294}Og$	熱い

核は励起エネルギーE_{ex}とよぶ大きなエネルギーをもっていて、超重元素領域では、非常に高い確率で核分裂して壊れてしまいます。しかし、余分なエネルギーを中性子やガンマ線によって放出し、核分裂せずに重い原子核として生き残る確率がわずかに存在します。この確率を**核反応断面積**という物理量で表します。

ロシアのユーリ・オガネシアンは、目的の重い原子核を効率よく合成するため、複合核の励起エネルギーをできる限り低く抑え、核分裂させずに中性子を一個だけ放出させて超重元素を合成する方法を考案しました。それは、二重魔法数をもつ安定な鉛208（陽子数82、中性子数126）やその近傍のビスマス209（陽子数83、中性子数126）を標的核とし、これに核子の結合エネルギーが大きい鉄近傍のクロム54、鉄58、ニッケル62、ニッケル64や亜鉛70などの重イオンを衝突させて超重元素を合成する核反応です。この核反応は、励起エネルギーが低いことから（E_{ex}＝12〜15 MeV）、**冷たい核融合反応**とよばれます。ドイツの研究グループは冷たい核融合反応を採用し、表５・１に示したように107番から112番元素を発見しました。

図５・３に、生成した超重元素の原子番号に対して冷たい核融合反応の核反応断面積を丸印で示します。冷たい核融合反応の断面積は、生成する超重元素の原子番号とともに急激に減少し、図５・１ａで示した核反応による113番元素の断面積は〇・〇二二ピコバーン（1 pb＝10^{-12} b＝10^{-36} cm^2）まで小さくなります。

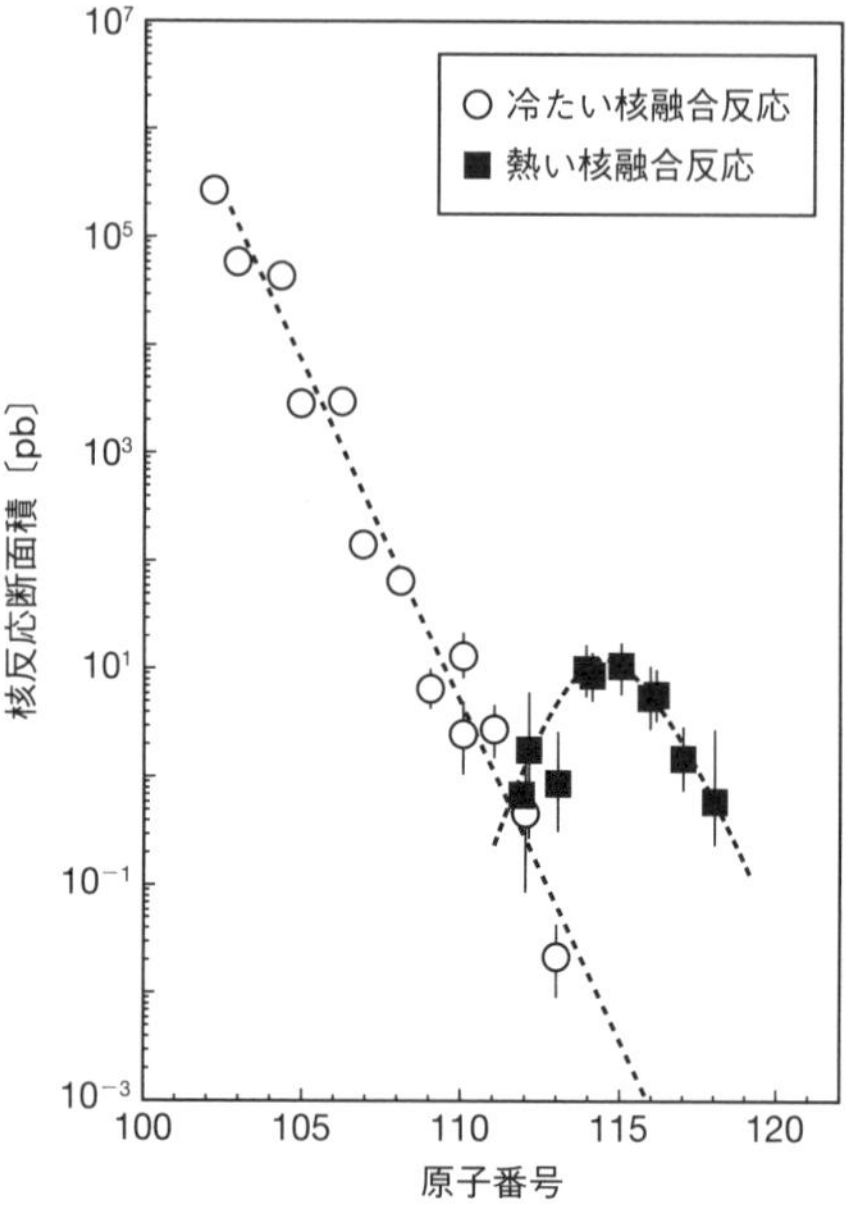

図 5・3　生成する超重元素の原子番号に対する核反応断面積の変化　冷たい核融合反応（放出される中性子数１個）の断面積を丸で，熱い核融合反応（放出される中性子数3〜4 個）を四角で示す．

熱い核融合

入射原子核と標的原子核の核融合反応において、互いの原子番号の積が一六〇〇〜一八〇〇を超えると二つの原子核は融合しにくくなり、積の値の増加とともに複合核を形成する確率が指数関数的に減少することが知られています。すなわち、ある原子番号の超重元素をつくる場合、入射原子核と標的原子核の原子番号の差ができるだけ大きい反応系が有利になります。そこで、アメリシウム243やカリホルニウム249などの原子番号が大きなアクチノイド元素を標的とし、原子番号が小さな酸素18、ネオン22、カルシウム48などの比較的軽いイオンを衝突させて超重元素を合成する方法も試みられてきました。この反応系では、冷たい核融合反応に比べて励起エネルギーが高く（E_{ex} = 35〜45MeV）、**熱い核融合反応**とよばれ、

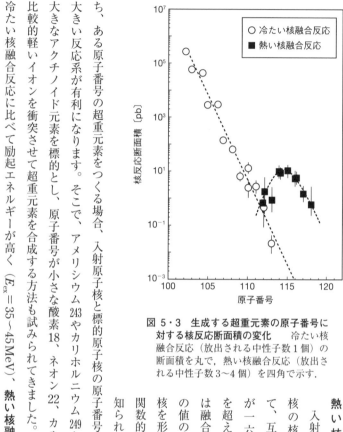

104番から106番元素、114番から118番元素の合成に用いられてきました（表５・１）。熱い核融合反応では、複合核から二～五個の中性子が放出され、超重原子核が生成されます。

図５・３に示した冷たい核融合反応の系統性と113番元素の非常に小さな断面積（〇・〇二二ピコバーン）をふまえると、次の114番元素を32番元素ゲルマニウムの質量数76の同位体と鉛208の核反応のような冷たい核融合で合成するのはきわめて困難であることが予測されます。一方、熱い核融合反応では、高い励起エネルギーのため複合核から多数の中性子が放出されます。中性子の放出は核分裂と競争するため、放出される中性子数が増えるごとに核分裂の機会が増え、複合核が超重原子核として生き残る確率が非常に小さくなる恐れがあります。超重原子核の核分裂のしにくさは、殻構造、特に中性子の魔法数184の殻に強く影響されます。すなわち、複合核が中性子数184の殻に近づけば、原子核は安定化して核分裂しにくくなり、生き残る確率が上がって超重元素の合成確率が増大すると考えられます。

そこで、オガネシアンらは、中性子が豊富なアクチノイド元素の標的原子核と中性子が豊富で二重魔法数（陽子数20、中性子数28）のカルシウム48入射原子核との熱い核融合反応を用いて、中性子数184の殻にできるだけ近づくことを考えました。たとえば、94番元素プルトニウム244とカルシウム48の熱い核融合反応で形成される114番元素の複合核（陽子数114、中性子数178）は、鉛208とゲルマニウム76の冷たい核融合反応（陽子数114、中性子数170）に比べて８も中性子数184の殻に近づくことができるのです。

オガネシアンらは、一九九九年から二〇一三年にかけてカルシウム48を入射原子核とし、94番元素プルトニウム242、プルトニウム244、95番元素アメリシウム243、96番元素キュリウム245、キュリウム248、97番元素バークリウム249、98番元素カリホルニウム249と標的原子核の原子番号を大きくしていくことによって、114番から118番元素の多数の同位体の合成に成功しました。これらのカルシウム48ビームを用いた熱い核融合反応の断面積は、図5・3に示したように、明らかに冷たい核融合反応よりも大きな値です（〇・五～一〇ピコバーン）。

理研の研究グループは、冷たい核融合反応と熱い核融合反応のどちらを用いて、113番元素の探索に挑んだのでしょうか。

第6章　113番元素探索プロジェクト始動

理研の超重元素研究のはじまり

一九八〇年代初め、理化学研究所（理研）の野村亨（のむら・とおる）は、理研和光事業所に完成予定の理研リングサイクロトロン（RRC）（注1）を用いた超重元素研究プロジェクトを開始しました。九州大学大学院理学研究科物理学専攻において原子核物理学を学んだ森田浩介は、一九八四年に野村グループに加わり、後日ニホニウムNh発見の幹となる**気体充塡型反跳核分離装置**（GARIS《ガリス》）（注2）の開発に着手します。しかし、理研の当時最新鋭の重イオン加速器RRCをもってしても、超重元素を合成するにはビーム強度がまったくたりませんでした。同じころ、ドイツ重イオン研究所（GSI）では、ゴットフリート・ミュンツェンベルクらが重イオン線形加速器（UNILAC）（注3）と反跳核分離装置（SHIP）（注4）を用いて、一九八一年に107番元素、一九八

（注1）RIKEN Ring Cyclotron（RRC）　（注2）Gas-filled Recoil Ion Separator（GARIS）
（注3）UNIversal Linear ACcelerator（UNILAC）　（注4）Separator for Heavy Ion reaction Products（SHIP）

二年に109番元素、一九八四年に108番元素と、次々新元素を合成していました。

一九九〇年代後半、**理研ＲＩビームファクトリー**（ＲＩＢＦ）(注5)が建設されることになり、理研の超重元素研究に転機が訪れます。ＲＩＢＦ計画は、理研リングサイクロトロン（ＲＲＣ）に三基の新しいリングサイクロトロン（ｆＲＣ、ＩＲＣ、ＳＲＣ）(注6)を連結させ、原子番号92のウラン238までの重イオンビームを高エネルギー（光速の約七〇％）に加速し、標的原子核との入射核破砕反応や核分裂反応によって全質量数領域にわたって世界最大強度のＲＩビームを生成させるというものでした。そして、核図表を大幅に拡大し、原子核の性質を究極的に解き明かし、宇宙における鉄からウランまでの重元素合成過程を明らかにすることを第一の目的としていました。

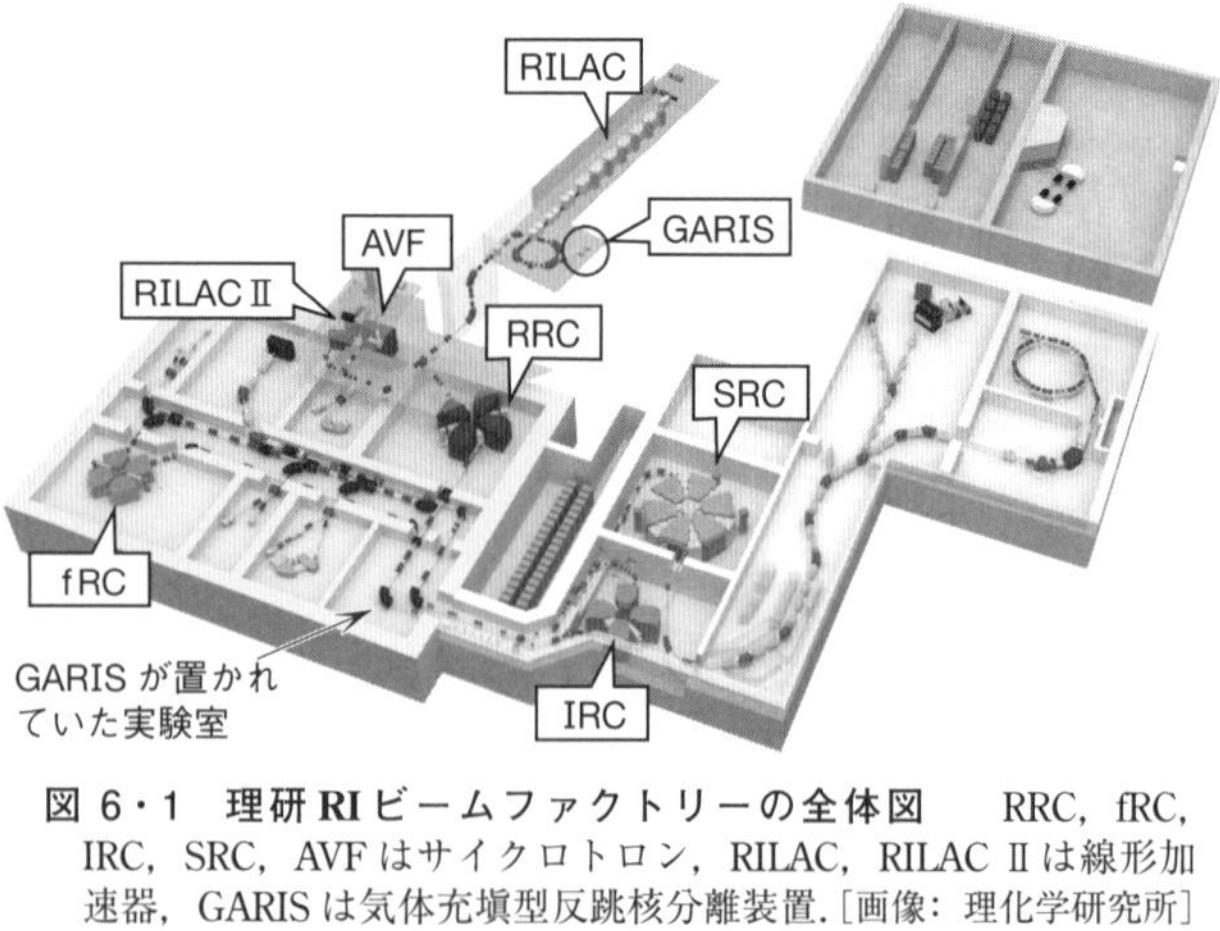

図 6・1　理研 RI ビームファクトリーの全体図　RRC, fRC, IRC, SRC, AVF はサイクロトロン, RILAC, RILAC II は線形加速器, GARIS は気体充塡型反跳核分離装置.［画像: 理化学研究所］

図6・1に、理研RIビームファクトリーの全体図を示します。三台のリングサイクロトロンを連結して（RRCからfRCを経てIRCに）ビームを輸送するため、ビームの通り道に設置されていた反跳核分離装置GARISは、大強度の重イオンビームを加速できる**理研重イオン線形加速器**（RILAC《ライラック》）（注7）の実験室に移設されることが決まりました。さらに、理研と東京大学原子核科学研究センターとの共同事業としてこの線形加速器の改造が行われ、そこから得られる重イオンビームの最大エネルギーが超重元素合成に最適なエネルギーまで増大されることになりました。二〇〇一年、ついに新元素探索のための実験環境が理研に整いました。

ターゲットは113番

二〇〇一年当時の超重元素発見の状況を表6・1にまとめました。超重元素は、米国ローレンス放射線研究所（LRL、LBL、現LBNL）、ソビエト連邦・ロシアの合同原子核研究所（JINR）とドイツの重イオン研究所（GSI）の重イオン加速器を用いて人工的に合成、発見

（注5）Radioactive Isotope Beam Factory（RIBF）
（注6）fixed frequency Ring Cyclotron（fRC), Intermediate stage Ring Cyclotron（IRC), Superconducting Ring Cyclotron（SRC）
（注7）RIKEN Linear ACcelerator（RILAC）

表 6・1　2001 年ころの超重元素発見状況

原子番号	元素名[†1]	元素記号	発見年	研究所[†2]	核反応の種類
104	ラザホージウム	Rf	1969 1969	JINR LRL	熱　い 熱　い
105	ドブニウム	Db	1970 1971	LRL JINR	熱　い 熱　い
106	シーボーギウム	Sg	1974	LBL	熱　い
107	ボーリウム	Bh	1981	GSI	冷たい
108	ハッシウム	Hs	1984	GSI	冷たい
109	マイトネリウム	Mt	1982	GSI	冷たい
110			1995	GSI	冷たい
111			1995	GSI	冷たい
112			1996	GSI	冷たい
113	未報告				
114			1999	JINR	熱　い
115	未報告				
116			2000	JINR	熱　い
117	未報告				
118	未報告				

†1 110〜112，114，116 番元素は，発見に成功したという報告はあるが，2001 年の時点で IUPAC によって承認されていない．

†2 JINR：ソビエト連邦・ロシアの合同原子核研究所，LRL, LBL：米国の現ローレンス・バークレー国立研究所，GSI：ドイツの重イオン研究所．

されてきました。二〇〇一年の時点では、109番元素マイトネリウムMtまでのすべての元素が、国際純正・応用化学連合（IUPAC《アイユーパック》）によって正式に承認されていました。

110番から112番までの三元素は、ドイツのジーグルト・ホフマンらによって、鉛208やビスマス209標的を用いた冷たい核融合反応によって合成に成功したことが報告されていました。一方、ロシアでは、ユーリ・オガネシアンらが、プルトニウム242とキュリウム248標的にカルシウム48イオンを照射し、熱い核融合反応によってそれぞれ114番と116番元素の合成に成功したことが報告されていました。113番、115番、117番、118番元素については、合成に成功したという報告はありませんでした。そこで、森田グループは、二〇〇一年当時未発見の113番元素を探索するプロジェクトを立ち上げました。

合成戦略——どちらの核反応を採用すべきか

113番元素を発見するためには、一一三個の陽子をもつ新しい原子核を合成する必要があります。第5章で述べましたが、超重元素を合成する核反応には、冷たい核融合反応と熱い核融合反応の二通りがあります。冷たい核融合反応は、ドイツの研究グループが進めてきた方法で、鉛208やビスマス209標的にクロム54、鉄58、ニッケル62、ニッケル64、亜鉛70などの重い重イオンビームを照射して融合させ、中性子を一個だけ放出させて超重核を生成する手法です。冷たい核融合反応は、表6・1に示したように、二〇〇一年の時点で、107番から112番元素の合成に成功を収めてきました。一方、熱い核融合反応は、ロシアと米国の共同研究グループが進めてきた方法で、プルトニウム242やキュリウム248などのアクチノイド元素の標的にカルシウム48イオンを照射し、中性子を三個ないし四個放出させて超重核を生成する方法です。二〇〇一年の時点で、114番と116番元素の合成に成功したことが報告されていました。

超重元素の生成率は非常に小さいため、数カ月にわたる長期の実験期間が必要です。このため、できるだけ合成確率の高い核反応を用いることが得策と考えられます。核反応の起こりやすさを表す「核反応断面積」は、前章の図5・3に示したように、冷たい核融合反応では生成する超重核の原子番号とともに急激に減少していくことが知られています。112番元素までの反応断面積の系統性から、113番元素の反応断面積は、〇・一ピコバーン程度になると予想できます。これに対し、熱い核融合反応による114番や116番元素の断面積は、一ピコバーン以上であることが報告されていました。すなわち、熱い核融合反応による113番元素の合成確率は、冷たい核融合反応と比較して一〇倍以上高いことになります。

しかし、新元素発見の優先権を得るためには、合成した新元素の同位体の原子番号を明確に同定する必要があります。図6・2に、超重元素領域の核図表を示しました。前章の図5・2に、113番元素を合成するための核反応として、冷たい核融合反応と熱い核融合反応の二例を示しました。

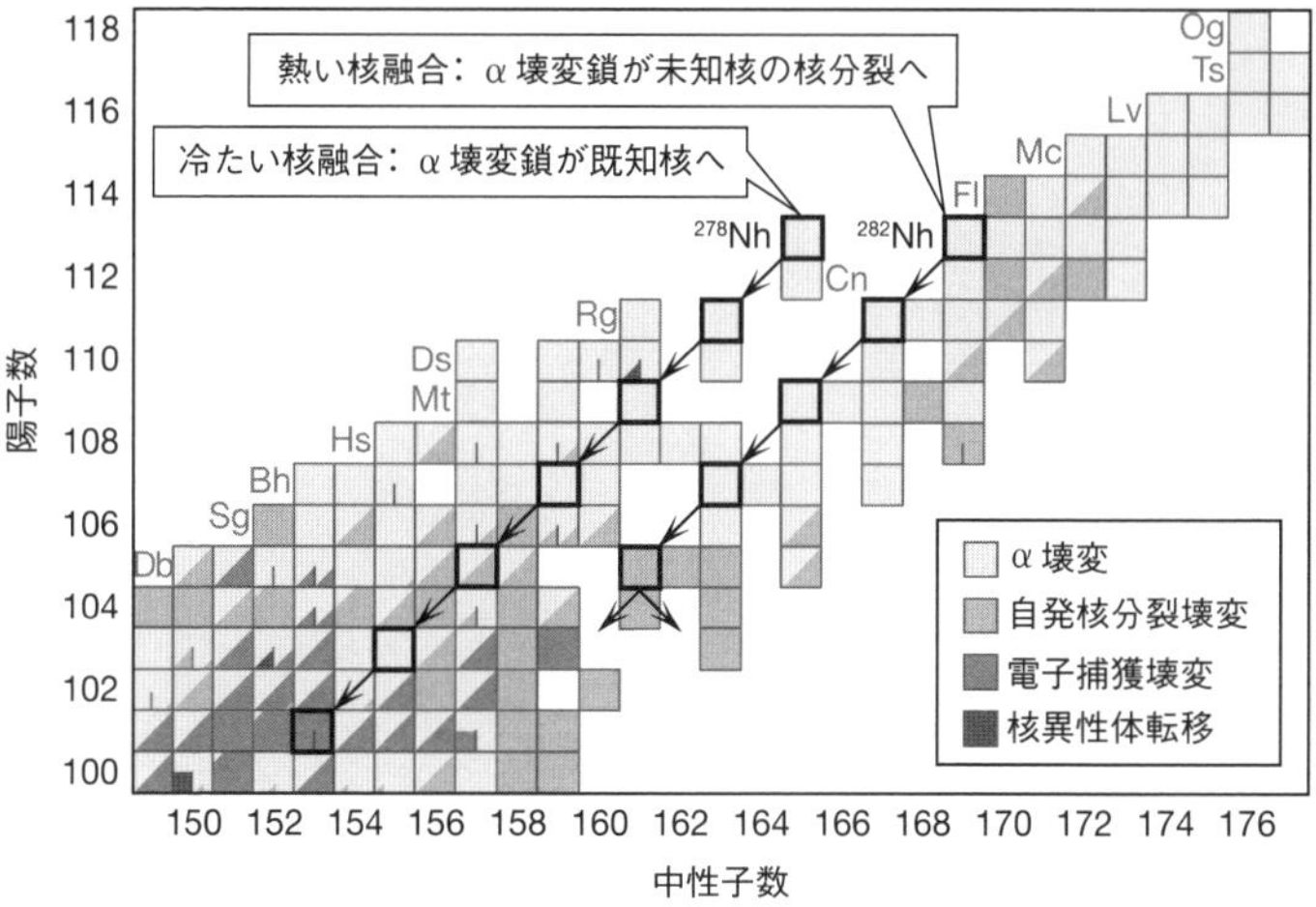

図6・2　超重元素領域の核図表　冷たい核融合反応による ^{278}Nh のα壊変鎖は既知核へと続くため，原子番号を確実に同定できる．一方，熱い核融合反応による ^{282}Nh のα壊変鎖では，生成核がすべて未知であるため，原子番号の同定が困難となる．

両反応で生成するニホニウム278とニホニウム282を、図6・2の核図表の上に示します。超重元素領域では、超重核はおもにアルファ（α）壊変または自発核分裂壊変によって放射壊変します。アルファ壊変は、超重核からヘリウム4の原子核が放出される放射壊変です。すなわち、アルファ壊変が起こると、超重核の原子番号は2、質量数は4（陽子数、中性子数ともに2ずつ）小さくなります（第2章コラム「放射壊変」参照）。図6・2に、ニホニウム278とニホニウム282がそれぞれアルファ壊変を繰返していく様子を矢印で示しました。新しく合成した超重核がアルファ壊変を繰返し、その結果、既知の同位体の生成を確認できれば、最初の超重核の原子番号を明確に同定することができるのです。表６・１に示した112番元素までの超重元素は、いずれもこの手法で原子番号が同定されてきました。

図６・２をみると、冷たい核融合反応で合成できるニホニウム278は、アルファ壊変を繰返して、当時知られていた質量数266の107番元素ボーリウムBh、質量数262の105番元素ドブニウムDb、質量数258の103番元素ローレンシウムLrの同位体に壊変していくことが期待されます。実際、ドイツの研究グループが冷たい核融合反応で合成した質量数267の109番元素の同位体は、わずか一原子で、ＩＵＰＡＣに新元素として承認されたという例がありました。一方、熱い核融合反応で合成できるニホニウム282では、アルファ壊変して生じた同位体はすべて未知の原子核で、最終的に自発核分裂によって壊変してしまう可能性が非常に高いのです。自発核分裂によって生じた二つの核分裂片の原子番号を同定することは実験的にきわめて困難です。こうして、113番元素を熱い核融合反応で合成した場合、生成した新元素の原子番号を同定することが非常に難しく、新元素承認の審査の段階で苦戦することが予測されました。

そこで、森田グループは、たとえ核反応の確率が一〇分の一以下でも、一原子の観測で新元素として承認される可能性がある冷たい核融合反応を用いて、113番元素の探索を行うという戦略を立てました。

成功するのは一五〇日に一度

森田グループは原子番号83のビスマスBiに原子番号30の亜鉛Znイオンを衝突させて、113番元素をつくり出そうと考えました（表3・1参照）。亜鉛Znの原子核は＋30、ビスマスBiの原子核は＋83の正電荷をもっています。二つの原子核を融合させるには、＋30と＋83の大きな静電反発力に打勝ち、原子核どうしを接触させる必要があります。このため、加速器を用いて亜鉛70イオンを光速の約一〇％まで加速し、ビスマス209の原子核に衝突させます。

図6・3に亜鉛70イオンとビスマス209標的原子の衝突反応のイメージを示します。原子の大きさは直径一〇〇億分の一メートル（10^{-10}m）くらいで、原子核の

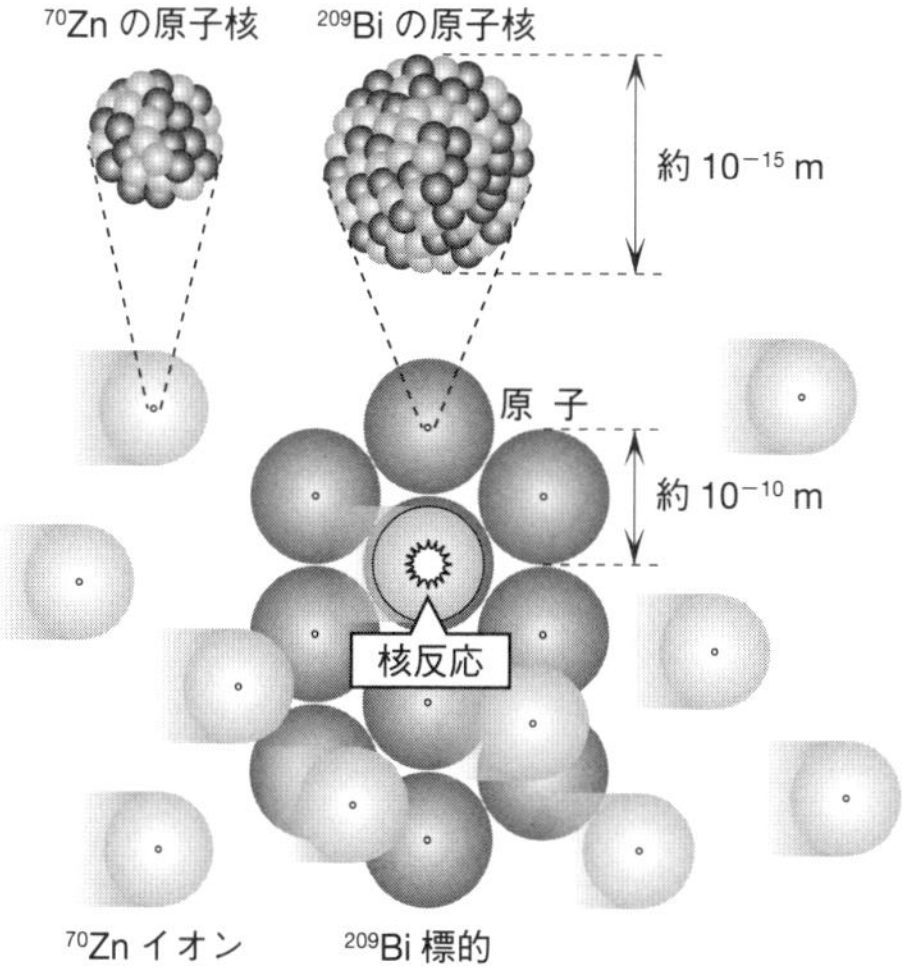

図 6・3　ビスマス（^{209}Bi）標的原子と亜鉛（^{70}Zn）イオンの衝突実験のイメージ

大きさは原子の一〇万分の一くらいです（10^{-15} m）。標的原子核は小さすぎて、狙い撃ちすることができません。この点のような小さな原子核どうしが接触して核融合する機会は非常に少ないことがわかるでしょう。さらに超重元素のような重い原子核では、静電反発力に打ち勝って接触しても、ほとんどの場合、核分裂して二つの軽い原子核に壊れてしまいます。

図6・4に示したように、両者の原子核がうまく融合すると、複合核とよばれるエネルギーの高い励起した中間状態が形成されます。複合核は、余分なエネルギーを放出（脱励起）するとき、ほとんどの場合は核分裂して二つの軽い元素の原子核に壊れてしまいます。しかし、非常にまれな確率で、中性子一個とガンマ線のみを放出して、113番元素の同位体として生き残ることが期待できます。このような核融合反応は、原子核が衝突してから、長くても一兆分の一秒（ピコ秒）という一瞬のあいだに起こります。

核反応で生成できる超重元素の原子数（N）は、以下の簡単な式6・1で計算できます。ここで、σは核反応断面積、wは単位面積当たりの標的原子数、Iは単位時間当たりの入射粒子数、tはビームの照射時間です。核反応断面積σは、ビームエネルギーに依存して変化します。冷たい核融合反応の場合は、エネルギーを一％間違えただけで、合成確率が極端に小さくなってしまいます。すなわち、113番元素を合成するためには、核反応断面積σが最大となるビームエネルギーを正確に予測し、亜鉛70イオンのエネルギーをこれに確

$$N = \sigma \times w \times I \times t \qquad \text{（式6・1）}$$

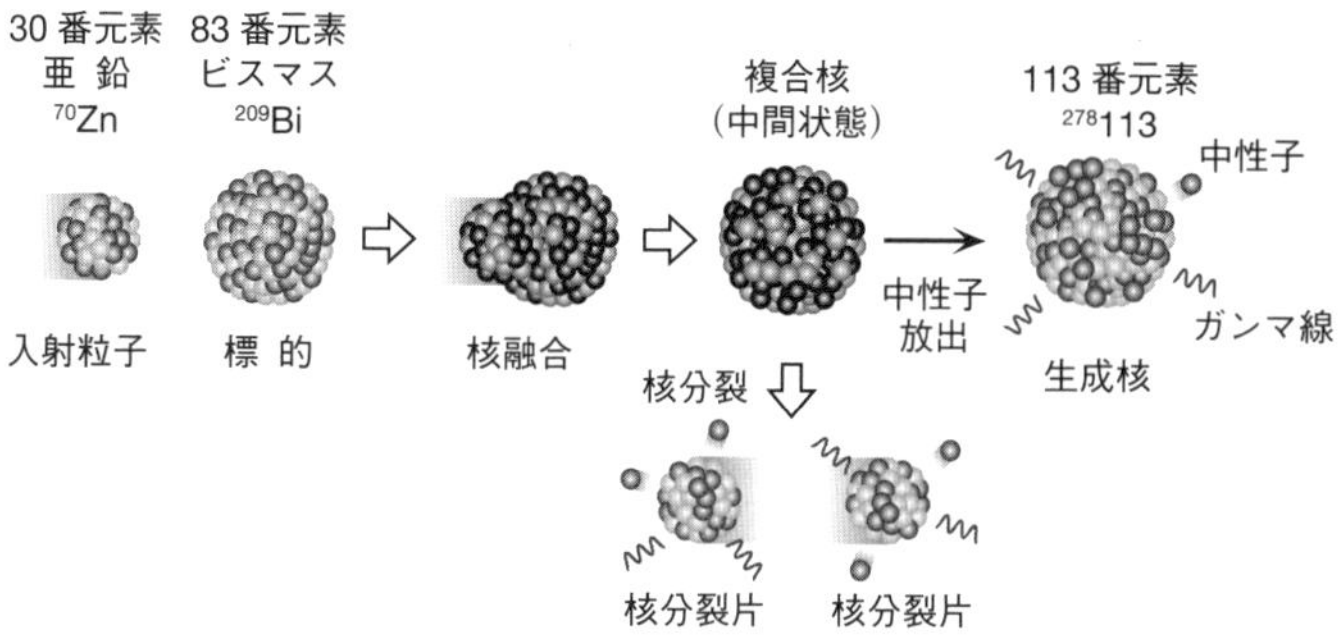

図 6・4 理化学研究所の森田浩介らの研究グループが用いた 113 番元素合成のための原子核反応

113 番元素 1 原子をつくるには

113 番元素合成の核反応断面積 σ は 2.2×10^{-38} cm^2 と途方もなく小さな値です．式 6・1 から，標的原子数 w を増やして亜鉛 70（^{70}Zn）イオンがビスマス 209（^{209}Bi）の原子核に接触する機会を増やしたいのですが，標的を厚くすると標的内で ^{70}Zn イオンのエネルギーが下がり，その結果核反応断面積 σ が小さくなって核反応が起こらなくなってしまいます．適切な ^{209}Bi 標的の厚さは，わずか 0.5 μm，面積密度に換算して 500 μg/cm^2（1.3×10^{18} 原子/cm^2）です．このため，113 番元素を効率よく合成するためには，大強度の ^{70}Zn イオンビームを長期間にわたって標的に照射し続ける必要があります．理研の重イオン線形加速器は，1 秒当たり 2.8 兆個（2.8×10^{12} 個）の ^{70}Zn イオンを加速することができます．150 日間（1.3×10^{7} 秒）の連続照射を行った場合，113 番元素を何原子つくることができるかを計算してみましょう．式 6・1 に，$\sigma = 2.2\times10^{-38}$ cm^2，$w = 1.3\times10^{18}$ 原子/cm^2，$I = 2.8\times10^{12}$ 個/秒，$t = 1.3\times10^{7}$ 秒を代入してみると，150 日間実験しても 113 番元素を 1 原子しか生成できないことがわかります．

実に調整して実験を行う必要があります。そのうえで、113番元素は一原子生成するのに約一五〇日かかると計算されました（75ページコラム参照）。

113番元素のような超重元素を合成するためには、大強度のビームを長期間にわたって安定に発生できる信頼性の高い大強度重イオン加速器、非常にまれな合成の事象を確実に捉えるための分析装置、そして、数百日に一回しか成功しない実験を成し遂げる実験者の根気強さが必要です。このような超重元素の合成実験を実施できる加速器施設は、世界的にみても数箇所しかありません。

世界有数の超重元素合成装置群

森田グループは、一五〇日に一個しか生成しない113番元素の原子をどのように検出し、新元素として同定したのでしょうか。113番元素の合成実験は、理研和光事業所のRIビームファクトリーにある重イオン線形加速器RILAC施設において行われました。図6・5に、施設の図面を示します（図6・1、口絵参照）。

■大強度イオンビームを生み出す線形加速器

天然には、質量数64、66、67、68、70の亜鉛の安定同位体が存在します。亜鉛の同位体存在比は、亜鉛64は四九・一七%、亜鉛66は二七・七三%、亜鉛67は四・〇四%、亜鉛68は一八・四五%で、113番元素合成に必要な亜鉛70の存在比は、わずか〇・六一%です。そこで、大強度の亜鉛70イオンビームを加速するため、イオンの原料には、亜鉛

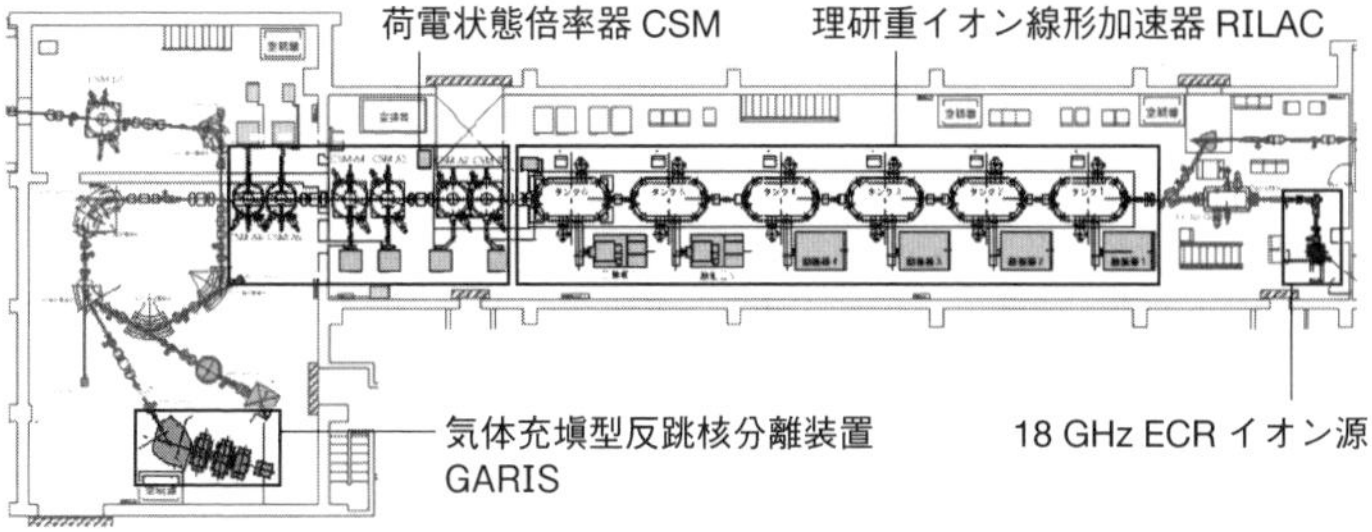

図 6・5　理研重イオン線形加速器（RILAC）施設の図面

70が八〇％以上にまで濃縮された亜鉛の酸化物が用いられます。酸化亜鉛の粉末を金型を用いて四ミリメートル四方、長さ四〇ミリメートルの棒状に加圧成型し、一〇〇〇℃で焼き固めます。これを18 GHz **ECR**（注8）**イオン源**に導入します。イオン源の中では、高温プラズマ中で亜鉛70原子から多数の電子がはぎ取られ、＋15価の亜鉛70イオンが大量に生成します。

イオン源で生成した＋15価の亜鉛70イオンは、重イオン線形加速器によって光速の約五％にまで加速されます。図6・6に、線形加速器によるイオンの加速原理を示しました。線形加速器は、その名から想像できるとおり、イオンを真っ直ぐに加速する装置です。図6・6に示したように、線形加速器では、多数のチューブ型電極が空洞の中に直線上に並べられています。電極の長さと高周波の周波数は、電極間（ギャップ）の電場の向きがイオンの到達時間に同期して変わるように設計され、電極間を通過

（注8）Electron Cyclotron Resonance（ECR）

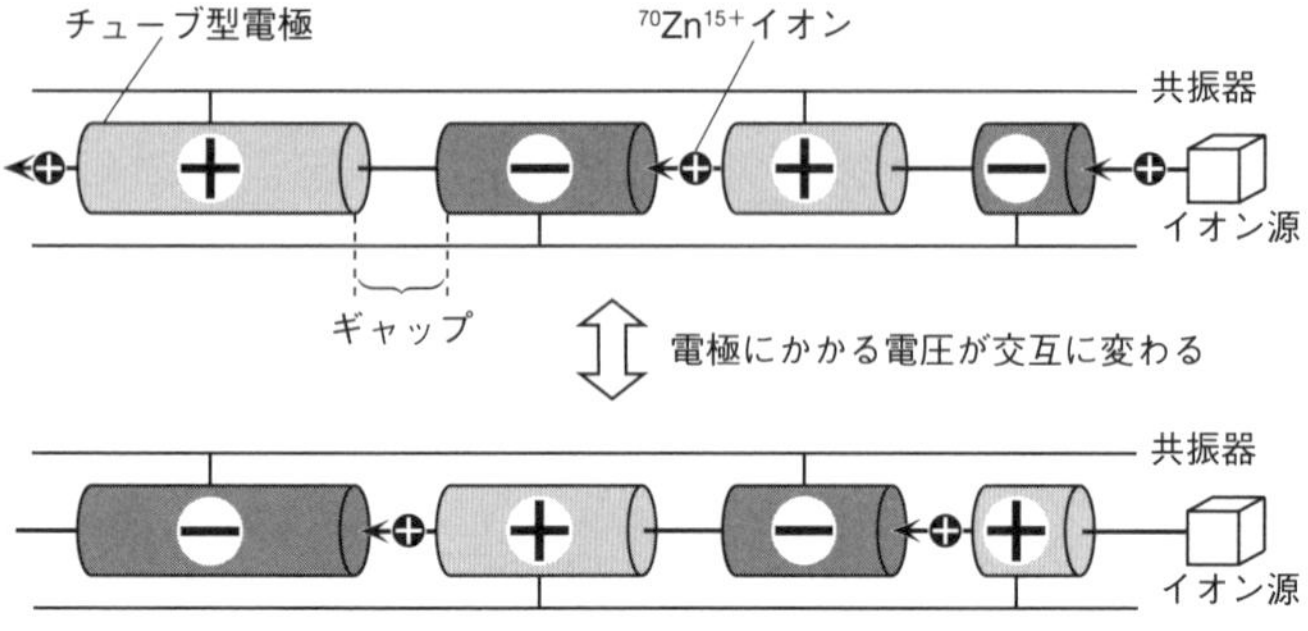

図 6・6　線形加速器の加速原理

するたびにイオンが加速されます。

つづいて、亜鉛70イオンは、**荷電状態倍率器**（CSM）（注9）を用いて光速の約一〇％にまで加速されます。重イオン線形加速器と荷電状態倍率器を合わせた加速器の全長は約五〇メートルもあります。その後、亜鉛70イオンは、図6・5に示したように、真空管の中を進み、気体充塡型反跳核分離装置（GARIS）に到達します。

■熱に耐える標的　図6・7にGARISの概略図を示します。＋15価の亜鉛70イオンは、炭素Cの薄膜（厚さ30 μg/cm^2）上に真空蒸着して作製したビスマス209金属標的（厚さ450 μg/cm^2）に照射されます。ここで、亜鉛70の原子核とビスマス209の原子核の衝突が起こります。亜鉛70ビームの強度は、一秒当たり平均二・四兆個、ビームエネルギーは三・四九億電子ボルトです。ビスマス209標的は、直径三〇センチメートルの円盤上に配置されています。大量の＋15価の亜鉛70イオンがビスマス209標的を通過するとき、標的内で大きな熱が発生します。金属ビスマスの融点は二七一・三℃と低いため、ビーム照射中に何もしないで放っておくと容易に融けてしまいます。そこで、ビーム照射中は、ヘリウムガス中（八六パスカル）で円盤を毎分三〇〇〇回転の速度で回転させ、ビスマス標的を冷却しています。

標的中で生成された質量数278の113番元素の同位体（^{278}113、元素記号Nhの代わりに原子番号の「113」で表記）は、核反応の後、ビーム方向に運動量をもち、ビスマスの標的薄膜からとび出してGARISへ

（注9）Charge State Multiplier（CSM）

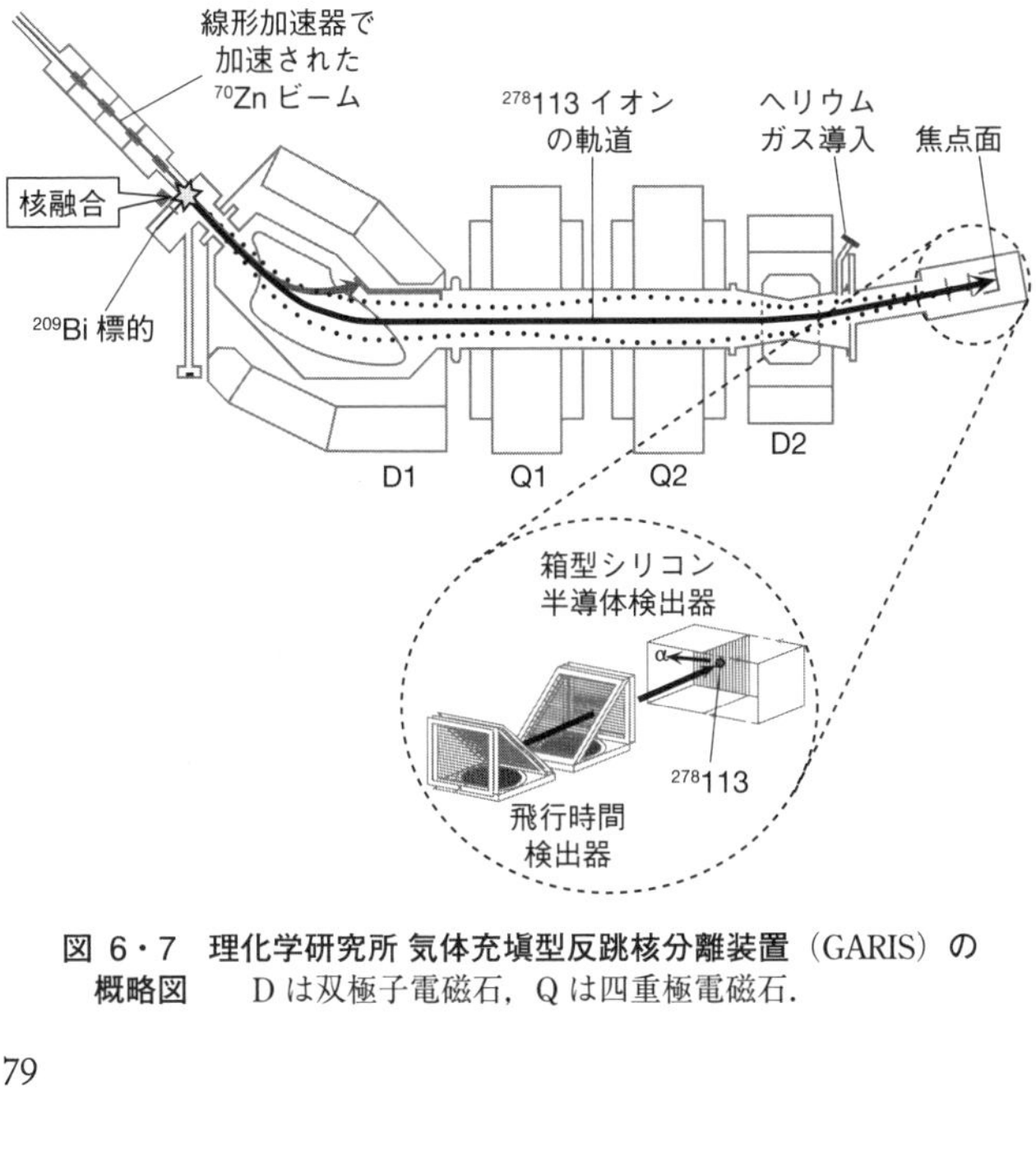

図 6・7　理化学研究所 気体充填型反跳核分離装置（GARIS）**の概略図**　D は双極子電磁石，Q は四重極電磁石．

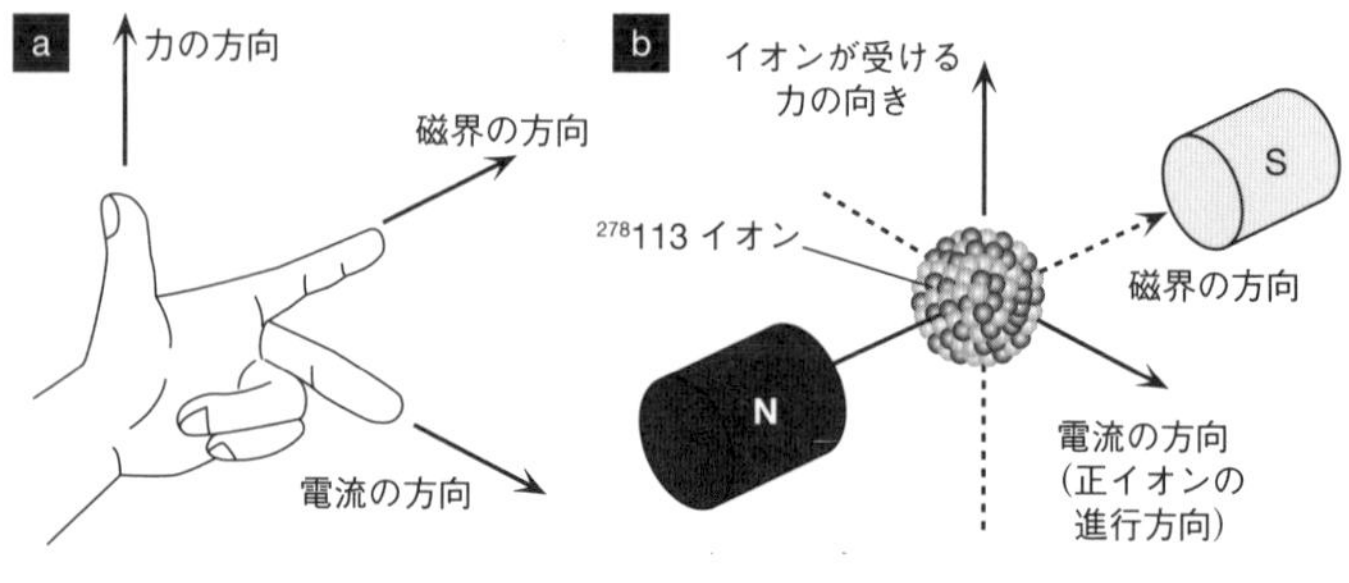

図 6・8　双極子電磁石内を進むイオンが受ける力　a）フレミングの左手の法則と，b）生成した 113 番元素（^{278}113）イオンが磁界の中で力を受ける様子．

と入っていきます。

■新元素を的確により分ける分離装置

ＧＡＲＩＳの全長は四・五メートル、総重量は六〇トンもあります。ＧＡＲＩＳは、四つの電磁石D1、Q1、Q2、D2（Dは双極子電磁石、Qは四重極電磁石）で構成されています。生成した113番元素イオンは、ＧＡＲＩＳの四つの電磁石によってビームや副反応生成物から質量分離され、末端の焦点面に収束させられます。113番元素イオンの運動は電流と捉えることができます。まず、D1電磁石の磁場の中を進むと、図6・8に示したように、フレミングの左手の法則に従ってローレンツ力とよばれる力を受け、図6・7に示したように、進行方向が変わっていきます。D1電磁石から脱出するときには、もとの進行方向から四五度も曲げられます。曲がり具合は、イオンの価数と質量で決まります。こうしてD1電磁石によって、質量数278の113番元素イオンを未反応の亜鉛70イオンや副反応で生じた多量の

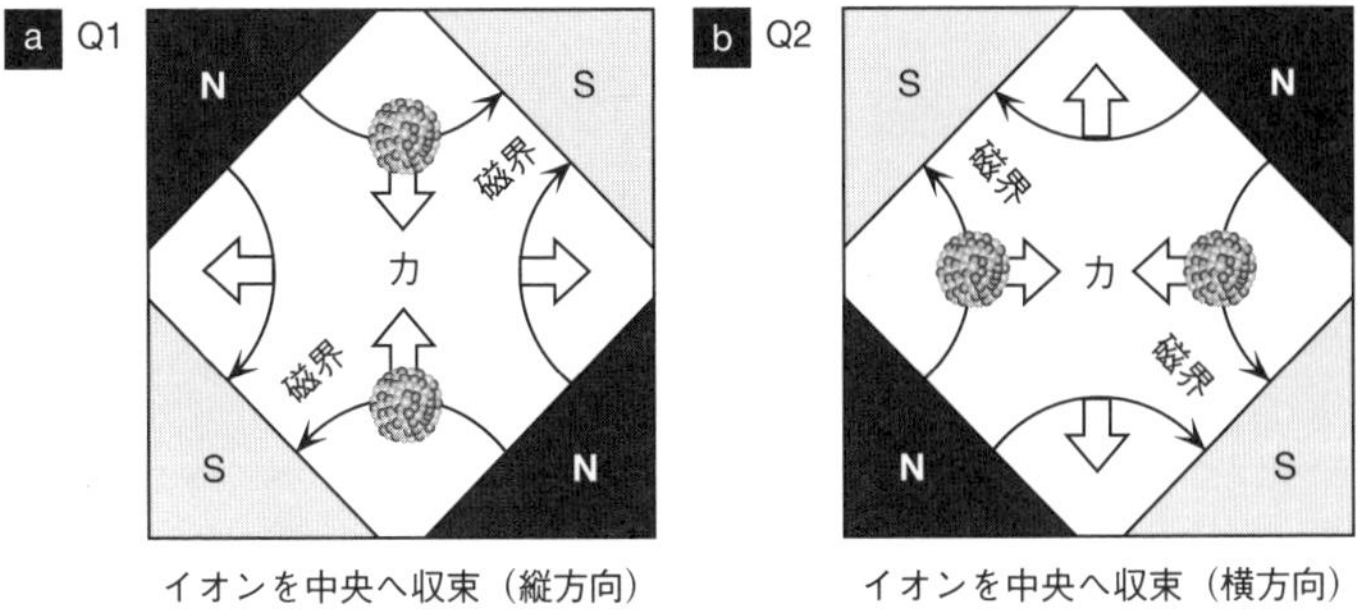

図 6・9　四重極電磁石内を進むイオンが受ける力
a）Q1, b）Q2. イオンの進行方向にみた図.

イオンから分離することができます。一方、Q1とQ2電磁石は四重極電磁石とよばれ、図6・9に示したように、ローレンツ力によりそれぞれ縦、横方向から磁石の中央に向けてイオンを収束させる働きがあります。最後のD2電磁石は、D1電磁石と同じ原理で、113番元素イオンをさらに一〇度曲げて、他のイオンから分離します。

ＧＡＲＩＳの中は、私たちの身のまわりの大気圧の一〇〇〇分の一程度の圧力のヘリウムガス（八六パスカル）で満たされています。113番元素イオンは、ＧＡＲＩＳの中でヘリウム原子と衝突を繰返し、電子の受け渡しをしてその電荷状態は約＋12価の平衡電荷を中心として分布します。これによって、核反応の結果多様な電荷状態をとり、曲がり方がばらばらになってしまう113番元素イオンを、電荷状態をそろえることで一つの軌道上に集めることができます。この原理によって、ＧＡＲＩＳは生成した113番元素イオンの収集効率を約八〇％まで高めることができます。

■まれな事象を確実に捉える検出器

GARISで質量分離された113番元素イオンは、末端の放射線検出器系へと導かれます。GARISの検出器系は、図6・7に示したように、**飛行時間検出器**と**シリコン半導体検出器**で構成されています。飛行時間検出器では、113番元素イオンが薄膜を通過した際に放出される電子をマイクロチャンネルプレートで検出することによって、イオンが二枚の検出器間を通過した時間を測ることができます。この飛行時間と下流のシリコン半導体検出器で計測したイオンの運動エネルギーから、生成した113番元素のおよその質量を決定することができます。さらに、シリコン半導体検出器では、113番元素のような重い原子核が壊変する際に生じるアルファ粒子や核分裂片を、高いエネルギー分解能で検出することができます。

シリコン半導体検出器は、六〇ミリメートル四方の大きさのシリコン検出器を五枚箱型に組合わせてつくられています。箱底のシリコン検出器は、短冊状に一六分割され、各短冊（3.75 mm × 60 mm）は位置有感型の検出器です。信号が生じた縦方向の位置を数ミリメートルの精度で特定することができます。残りの四枚のシリコン検出器は、箱底から外にとび出したアルファ粒子や自発核分裂片を検出するために箱型に配置されています。

これら検出器系によって、生成した113番元素イオンが検出器に打込まれた位置と運動エネルギー、113番元素とその壊変生成物の寿命と放射壊変に伴って放出されるアルファ粒子や核分裂片のエネルギーを測定することができます。ちなみに、この箱型検出器の検出効率は、打込まれた原子核から放出されるアルファ粒子に対して九四％もあります。

いよいよ新元素探索へ

新元素の探索は、非常にチャレンジングな実験です。新元素探索実験において新参者であった森田グループは、まず、二〇〇一年から二〇〇三年にかけて、ドイツ重イオン研究所が合成に成功した108番元素ハッシウムHs、110番元素ダームスタチウムDs、111番元素レントゲニウムRgの追試実験を行いました。ハッシウムは、鉛208標的に鉄58イオンを照射し、一週間で一〇原子のハッシウム265を合成することに成功しました。その後、イオン種を鉄58からニッケル64に変更し、ダームスタチウム271を一四原子合成しました。つづいて、標的を鉛208からビスマス209に変え、レントゲニウム272を一四原子合成しました。これらの追試実験を通して、森田グループは、自分たちの実験装置が新元素の探索に十分通用するものであることを確信していきました。

ドイツ重イオン研究所では、一九九六年に、112番元素コペルニシウムCnの合成に成功した後、一九九八年より標的をビスマス209に変えて、113番元素の探索を進めていました。ドイツの研究グループは、一九九八年のうちに四六日間の実験を行っていましたが、113番元素合成に成功していませんでした。

第7章 「アジア初、日本発」新元素誕生

わずか七〇日という幸運

二〇〇三年八月、ドイツ重イオン研究所の研究グループが113番元素の合成実験を再開したというニュースが理化学研究所（理研）の森田グループに入ってきました。113番元素発見の優先権を勝ち取るためには、ドイツに先を越されるわけにはいきません。森田グループも直ちに113番元素の探索に入る必要がありました。森田グループは、111番元素レントゲニウムRgまでの追試実験に成功していましたが、112番元素コペルニシウムCnの追試実験を行わず、二〇〇三年九月五日から113番元素の探索実験を開始しました。この森田グループの最初の113番元素探索実験は、正味で五八日間のビーム照射を行い、同年一二月二九日にいったん終了しました。ドイツグループ、森田グループともに、113番元素を発見することはできませんでした。森田グループの113番元素探索実験は、約二〇名のメンバーでシフトを組み、昼夜を問わず二四時間二交替制で何週間も続けて行われました。113番元素の合成確率は、一五〇日に一原子と非常に小さく、合成に失敗する日が何日も続きます。失敗することが通常で、実験者は次第にこれに慣れていきます。

二〇〇四年四月森田グループは、113番元素ではなく、ドイツがすでに成功していた112番元素コペルニシウムを合成する実験を試みました。その結果、約一カ月間で112番元素を二原子合成することに成功しました。森田グループは、自分たちの実験手法に改めて自信をもつことができました。

理研の重イオン線形加速器（ＲＩＬＡＣ《ライラック》）は、理研リングサイクロトロン（ＲＲＣ）の入射器として、新元素合成実験以外の実験にも使用されます。森田グループの次の実験は、二〇〇四年九月から予定されていました。しかし、二〇〇四年六月、リングサイクロトロンが予期せず故障したのです。リングサイクロトロンを用いて予定されていた実験はすべて中止となりましたが、線形加速器は問題がなかったため、森田グループは、二〇〇四年七月八日から113番元素合成実験を再開することになりました。

二〇〇四年七月二三日、わが国の元素発見史上記念すべき瞬間がついに訪れます。113番元素の探索実験を二〇〇三年九月五日に開始してから、正味のビーム照射日数で七〇日ほど経過したころでした。実験データの収集と解析を行っている計測室には、森田浩介と実験グループの中心メンバーである森本幸司（もりもと・こうじ）がいました。森本が、実験シフトを終え、「今日はこれで帰ります。」と森田に挨拶して計測室を立ち去ろうとしたときでした。森本は、コンピュータの画面に出力された113番元素候補事象に気付き、「森田さん！　これ見て下さい！」と叫びました。そのときの様子を、森田は、次のように振り返っています。

「本当かよ？　というのが正直な気持ちでした。落ち着け、間違いかもしれない、と自分に言い聞かせながらコンピュータの画面を見たのですが、間違いなく113番元素を捉えていることがわかり、鳥肌が立ちました。森本さんに原子核が崩壊を始める時間と放出するエネルギーを解析してもらったものの、森本さんも私も手が震えてキーボードが打てませんでした。それでもなんとか原子番号107のボーリウムまでは解析し、そこからはすでに帰宅していた研究員の加治大哉（かじ・だいや）さんに来てもらい、残りを解析してもらったのです。」

二〇〇四年七月二三日一八時五五分、森田グループは、図7・1aに示す四回の連続するアルファ（α）壊変とそれに続く自発核分裂壊変を観測しました。アルファ壊変は、不安定な原子核がアルファ粒子を放出してより安定な原子核となる放射壊変です。アルファ粒子は、陽子二個と中性子二個からできている原子番号2のヘリウム4の原子核です。すなわち、アルファ壊変が起こると、もとの原子核の原子番号は2、質量数は4小さくなります。図7・1aに示した森田グループが観測した連続アルファ壊変で、四回目のアルファ壊変とそれに続く自発核分裂壊変のデータが、当時すでに知られていた107番元素ボーリウム266（^{266}Bh）と105番元素ドブニウム262（^{262}Db）のデータに一致したことから、アルファ壊変をひき起こした未知の同位体を遡って同定することができます。107＋2＝109、109＋2＝111、111＋2＝113と原子番号を積み上げていくと、連続アルファ壊変をひき起こした最初の同位体が、原子番号113、質量数278であると同定できるのです。

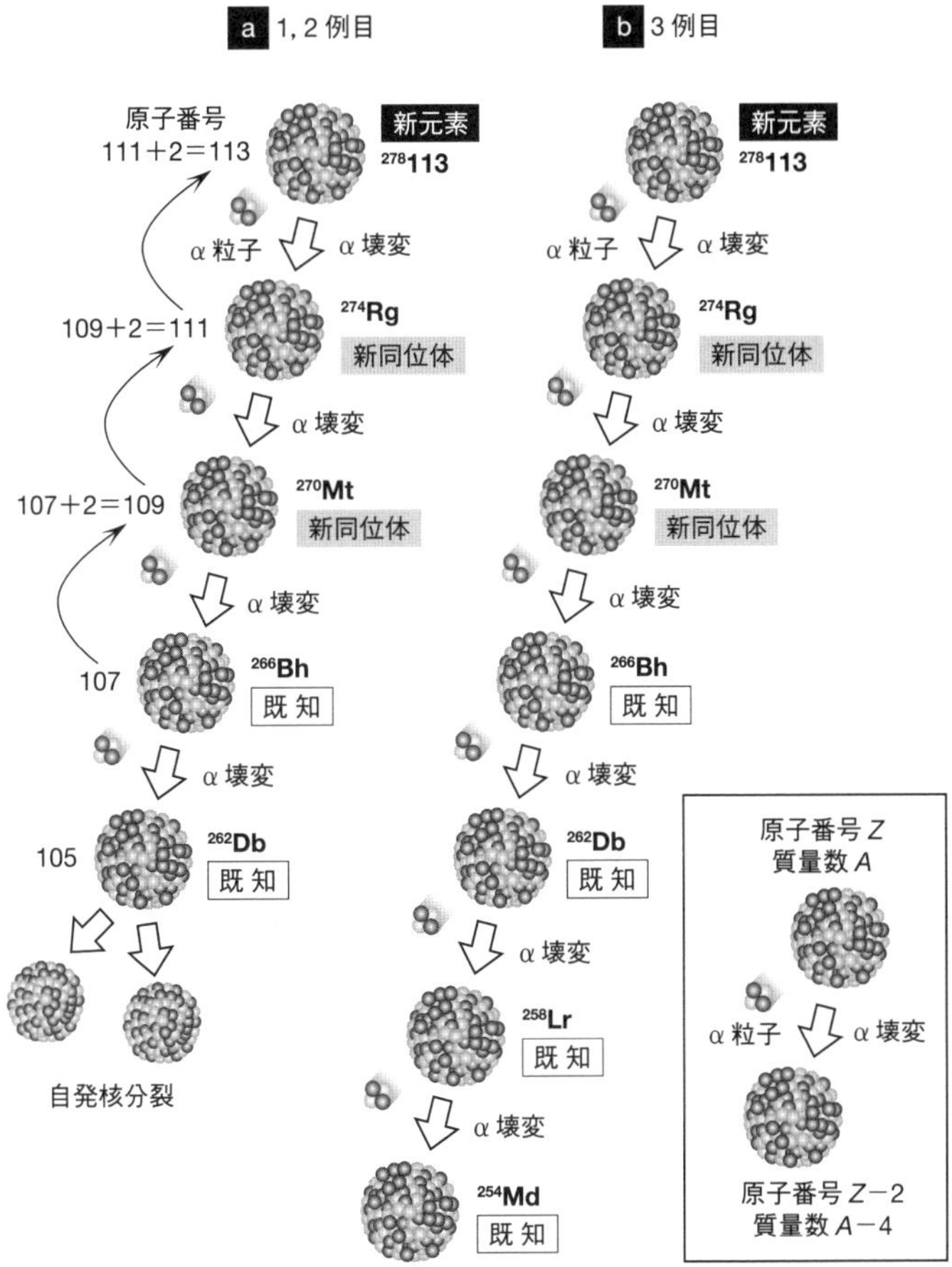

図 7・1　森田グループが観測した113番元素の同位体 ^{278}113 の連続アルファ（α）壊変と自発核分裂壊変　a）1，2 例目の観測．^{262}Db は自発核分裂壊変を起こした．b）3 例目の観測．^{262}Db は連続する 2 回のアルファ壊変を起こした．Rg はレントゲニウム，Mt はマイトネリウム，Bh はボーリウム，Db はドブニウム，Lr はローレンシウム，Md はメンデレビウムを表す．

図 7・2 113 番元素発見の記者会見の様子（2004 年 9 月 28 日）
左から，理化学研究所 野依良治 理事長，柴田 勉 理事，森田浩介 加速器基盤研究部先任研究員（役職名は当時のもの）．［写真：理化学研究所］

質量数278の113番元素の新同位体は、三四四マイクロ秒という一瞬だけ存在し、エネルギー一一六八万電子ボルトのアルファ粒子を放出して、111番元素レントゲニウムRgの同位体レントゲニウム274に壊変しました。レントゲニウム274は、九・二六ミリ秒の寿命で109番元素マイトネリウムMtの同位体マイトネリウム270へ、マイトネリウム270は七・一六ミリ秒でボーリウム266へ、ボーリウム266は二・四七秒でドブニウム262へと、次々とアルファ壊変していきました。最後に、ドブニウム262は四〇・九秒の寿命で軽い二つの原子核に自発核分裂壊変しました。この連続壊変事象で、森田グループは、質量数278の113番新元素の同位体に加えて、109番マイトネリウム270と111番レントゲニウム274の新同位体の発見にも成功しました。

新元素の探索実験は、これまで米国、ロシアやドイツによる国の威信をかけた熾烈《しれつ》な競争のなかで行われてきました。森田グループは、今回の新元素発見の成果を直ちに国際的科学技術雑誌で発表する必要がありました。森田グループはわずか一週間で論文を書き上げ、日本物理学会の国際誌である『*Journal of the Physical Society of Japan*』に投稿しました。国内の雑誌に投稿した一つの理由は、論文の査読審査の過程で、新元素発見という重大な成果を含んだ論文原稿がライバル国の研究者の手に渡り、出版が遅れることがないようにという狙いがあったためです。森田グループは、論文の出版日に合わせて、二〇〇四年九月二八日、113番元素発見の記者会見を行いました。図７・２は記者会見の様子です。

　森田グループは、その後も113番元素合成実験を継続し、二〇〇五年四月二日二時一八分、再び図７・１ａに示した四連続アルファ壊変とそれに続く自発核分裂壊変を観測しました。このアルファ壊変連鎖も、二〇〇四年の初観測と同様に既知の同位体ボーリウム266とドブニウム262につながり、最初の同位体が質量数278の113番元素であることがわかりました。

　二〇〇六年国際純正・応用化学連合（ＩＵＰＡＣ《アイユーパック》）と国際純粋・応用物理学連合（ＩＵＰＡＰ《アイユーパップ》）（注１）の合同作業部会（ＪＷＰ）（注２）から、「新元素を発見したグループは申し出よ。」というコール（呼掛け）がありました。合同作業部会とは、ＩＵＰＡＣとＩＵＰＡＰが推薦した合計六名の専門家

（注１）International Union of Pure and Applied Physics（IUPAP）　（注２）Joint Working Party（JWP）

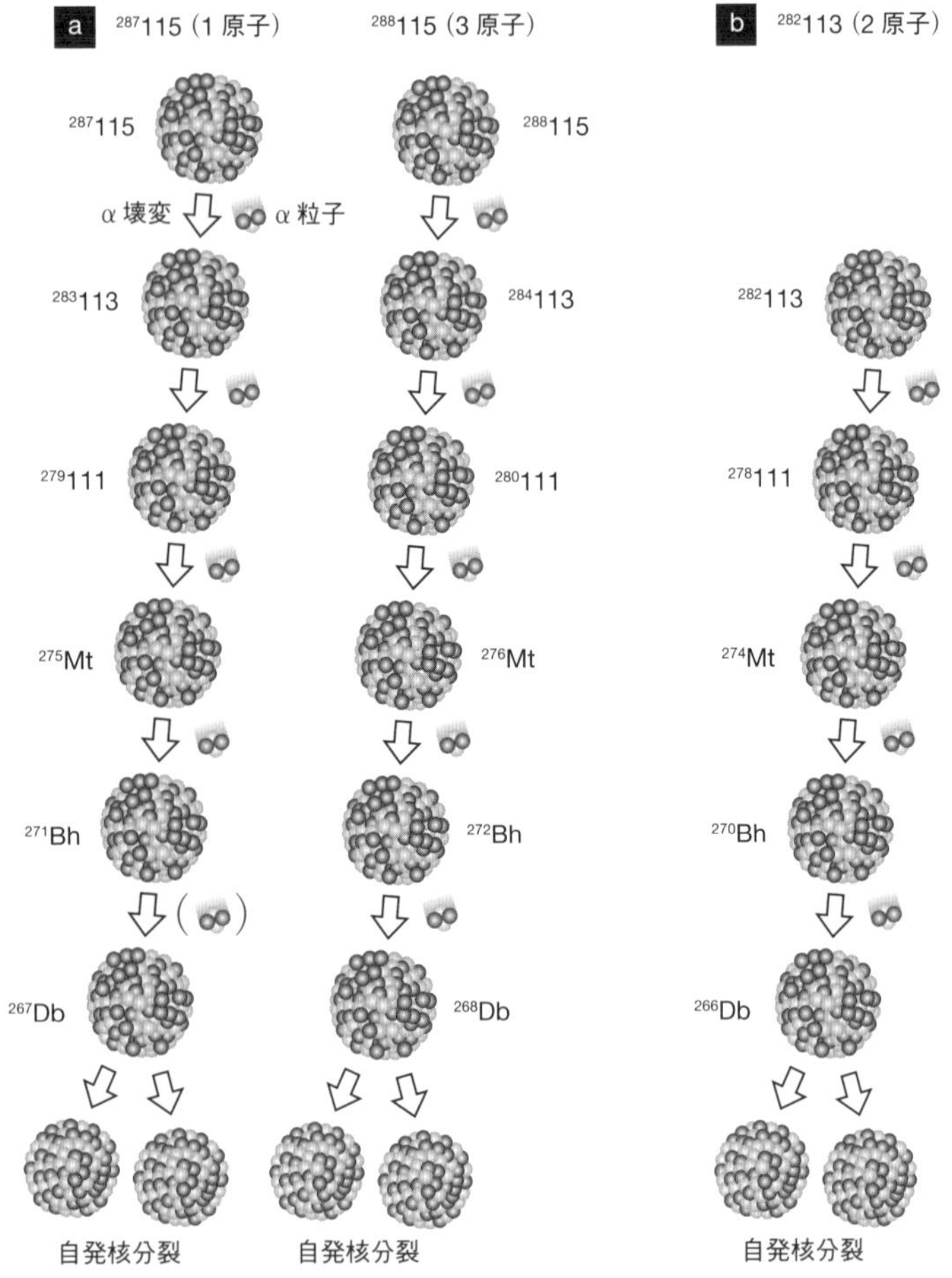

図 7・3　オガネシアングループが報告した 115 番元素と 113 番元素の同位体の連続アルファ（α）壊変　a）2004 年，^{287}115 と ^{288}115 のアルファ壊変生成物として 113 番元素の同位体 ^{283}113，^{284}113 を観測．^{271}Bh のアルファ壊変は検出されていない．b）さらに 2007 年，^{282}113 を合成．

で組織される部会です。数年に一度、新元素合成の実験グループにコールを出し、ＩＵＰＡＣが定めた元素発見に関わる科学的判断基準に基づいて、新元素発見の優先権がどの実験グループにあるかを公平に決定します。森田グループは、二〇〇四年と二〇〇五年の二度の113番元素合成の成果を合同作業部会に提出しました。

ロシアと米国からのプレッシャー

二〇〇三年、森田グループが113番元素を探索していたころ、ライバル国のロシアも新元素を探索していました。二〇〇四年二月二日、ユーリ・オガネシアンが率いるロシアの合同原子核研究所と米国のローレンス・リバモア国立研究所（ＬＬＮＬ）(注3)の共同研究グループ（オガネシアングループ）は、原子番号20のカルシウム48を原子番号95のアメリシウム243標的に照射し、図7・3ａに示したように、質量数287と288の原子番号115の新元素の同位体をそれぞれ一、三原子合成したことを報告しました。オガネシアングループは質量287と288の115番元素のアルファ壊変を観測し、これらの壊変生成物として質量数283と284の113番元素の同位体を観測したと報じました。森田グループが113番元素の発見を報告する八カ月以上も前のことです。113番元素合成実験を淡々と進めていた森田グループにとって、このオガネシアングループによる115番と113番元素発見の

(注3)　Lawrence Livermore National Laboratory (LLNL)

ニュースは衝撃的で、その後大きなプレッシャーとなっていきます。

オガネシアングループは、二〇〇七年、カルシウム48を原子番号93のネプツニウム237標的に照射し、図7・3bに示したように、質量数282の113番元素の別の同位体を二原子合成したことを報告しました。オガネシアングループも、当然、原子番号115と113の新元素発見の優先権を合同作業部会に主張しました。

新元素発見の優先権の行方

二〇一一年、IUPACは、IUPACの機関誌である『*Pure and Applied Chemistry*』に、113番元素以降の新元素発見実験についての審査結果を公表しました。森田グループが主張した113番元素については、観測事象数がまだ二事象と少なく、また事象間でアルファ壊変連鎖中にある同位体の半減期やアルファ粒子のエネルギーに大きな不一致があるなどの理由から、森田グループに対して113番元素発見の優先権を認めませんでした。

森田グループが質量数278の113番元素合成の根拠とした107番元素の既知の同位体ボーリウム266は、二〇〇〇年に米国ローレンス・バークレー国立研究所において、原子番号10のネオン22と97番元素バークリウム249との核融合反応を用いて、一原子しか観測されていませんでした。森田グループが、いくらボーリウム266が既知の同位体と主張しても、その半減期やアルファ粒子のエネルギーなどのデータは、113番元素の発見を決定付けるには十分ではないと審査されたのです。幸いにも、IUPACは、オガネシアングループが主張した115番と113番元素発見の優先権も認めませんでした。オガネシアングループが観測した113番元素の三同位体は、いずれもそのアルファ壊変連鎖が既知の原子核につながっていないため、新元素の原子番号を明確に同定したとはいえないと審査されたのです。

今回のIUPACの審査報告は森田グループにとって非常に残念な結果でしたが、森田グループはその後も日本初の新元素を求め、根気強く113番元素の探索を継続します。

我慢の七年間

森田グループは、113番元素の発見を確固たるものにするため、二〇〇五年の二例目の観測以降も実験を継続していました。まず、米国ローレンス・バークレー国立研究所のグループが報告していたわずか一事象のボーリウム266（^{266}Bh）の壊変データを補強するため、二〇〇八年から二〇〇九年にかけて、原子番号11のナトリウム23と原子番号96のキュリウム248との核融合反応を用いて、ボーリウム266を合成する実験を行いました。その結果、ボーリウム266を二一原子も観測し、その壊変データを充実させることができました。この実験により、二〇〇四年と二〇〇五年に観測した質量数278の113番元素の同位体を起点とする連続アルファ壊変（図7・1a）は、確実に既知の同位体ボーリウム266につながっていることを証明できました。

森田グループは、さらに亜鉛70とビスマス209を用いた113番元素合成実験を継続していました。しかし、二例目から五年経っても、三例目を観測することができませんでした。森田グループの周囲は、実験装置に不具合があるのではないか？　ビームエネルギーなどの実験条件がこれまでと異なっているのではないか？　など、ざわつき始めました。

表7・1に113番元素探索実験の期間、ビーム照射日数、照射粒子数、観測事象数を示します。一例目と二例目は、実験を開始してから一〇〇日くらいのうちに観測されたことがわかります。一五〇日間の実験で一個しか観測できない事象は、運がよければ一例目のように七〇日程度で観測できることもありますが、統計学的には、三〇〇日でも確認できないことは十分ありうるのです。

実験グループを率いた森田浩介は、このざわめきのなかでも、淡々と実験を継続しました。

森田グループが113番元素合成実験を進めているなか、二〇一一年三月一一日、日本は東北地方太平洋沖地震による大きな災害に見舞われました。理研の加速器施設はビームライン破損などの被害があり、113番元素合成実験を中断せざるをえませんでした。加速器を稼働するには大きな電力が必要です。震災後、日本の原子力発電所のほとんどが停止し、計画停電が行われ、理研の加速器を動かすことが困難となりました。当時、日本全体が暗いムードに包まれていました。

森田グループは、理研の経営陣や加速器グループとともに、アジア初、日本発の新元素発見の明るいニュースを国民に届けられるようにと三週間で壊れた加速器を復旧させ、113番元素合成実験を再開しました。しかし、その後、一年間実験を継続しても、三例目を観測することができませんでした。二例目の観測から七年も経っていました。

待望の三例目

二〇一二年五月、合同作業部会から再び「新元素を発見したグループは申し出よ。」とのコールが掛かりました。森田グループは、二〇〇四年と二〇〇五年の二回の113番元素の合成の結果に、

表7・1 113番元素探索実験のまとめ

実験期間 年	月/日	照射日数〔日〕 期間ごと	積算	照射粒子数〔$\times 10^{19}$〕 期間ごと	積算	観測事象数
2003	9/5 −12/29	57.9	57.9	1.24	1.24	0
2004	7/8 − 8/2	21.9	79.8	0.51	1.75	1
2005	1/20− 1/23	3.0	82.8	0.07	1.82	0
2005	3/20− 4/22	27.1	109.9	0.71	2.53	1
2005	5/19− 5/21	2.0	111.9	0.05	2.58	0
2005	8/7 − 8/25	16.1	128.0	0.45	3.03	0
2005	9/7 −10/20	39.0	167.0	1.17	4.20	0
2005	11/25−12/15	19.5	186.5	0.63	4.83	0
2006	3/14− 5/15	54.2	240.7	1.37	6.20	0
2008	1/9 − 3/31	70.9	311.6	2.28	8.48	0
2010	9/7 −10/18	30.9	342.5	0.52	9.00	0
2011	1/22− 5/22	89.8	432.3	2.01	11.01	0
2011	12/2 −12/19	14.4	446.7	0.33	11.34	0
2012	1/15− 2/9	25.0	471.7	0.56	11.90	0
2012	3/13− 4/17	33.7	505.4	0.79	12.69	0
2012	6/12− 7/2	15.7	521.1	0.25	12.94	0
2012	7/14− 8/18	32.0	553.1	0.57	13.51	1

新たに取得したボーリウム266の結果を加えて、新元素発見の主張を行いました。

合同作業部会による審議が続くなか、理研の経営陣が、ここまで成果が上がらない状況では、実験を打切らざるをえないとまで考えていたときでした。二〇一二年八月一二日、森田グループは、図７・１ｂに示す六回の連続するアルファ壊変を観測しました。この発見が明らかになったのは、お盆休みの後、八月一八日でした。お盆休み中に収集した一週間分のデータをまとめて解析していた東京理科大学大学院生・理研大学院生リサーチ・アソシエイトの住田貴之（すみた・たかゆき）は、113番元素らしいデータに気付き、四回のアルファ壊変まで確認できたところで、「森田さん！何か見えています！」と直ちに森田に電話をかけました。森田は、ＧＡＲＩＳ《ガリス》計測室に駆け付け、五回目の壊変がどうなっているかを調べると、自発核分裂壊変ではなくさらに二回のアルファ壊変が連続して起こっていることがわかりました。すなわち、このアルファ壊変連鎖では、一例目や二例目（図７・１ａ）と異なり、ドブニウム262（^{262}Db）が103番元素ローレンシウム258（^{258}Lr）にアルファ壊変し、さらにローレンシウム258は101番元素メンデレビウム254（^{254}Md）にアルファ壊変していました（図７・１ｂ）。この壊変連鎖は、森田グループが最も観測したかった質量数278の113番元素の壊変連鎖です。ドブニウム262は、五二％：四八％の確率比で、自発核分裂壊変とアルファ壊変の両方の壊変をすることが知られています。三例目では、ドブニウム262はこの確率比に矛盾せず、アルファ壊変したのです。アルファ壊変に伴って放出されるアルファ粒子のエネルギーは、同位体に固有の値で、同位体を同定するうえで非常に有力な手掛かりとなります。三例目のアルファ壊変連鎖中に確認されたアルファ粒子のエネルギーは、既知の同位体であるドブニウム262とローレンシウム258のデータに非常によく一致していました。森田グループは、直ちに三例目の結果を論文にまとめ、二〇一二年九月二七日、『*Journal of the Physical Society of Japan*』に発表しました。

森田は、この三例目を観測するまでに、二例目から七年、正味のビーム照射日数で三五〇日もかかったことについて、次のように述べています。

「不安はありませんでした。113番元素の合成確率は、原子核ビームの速度で決まります。合成確率が最大になる速度を正確に予測することが一番重要です。私たちは、108番、110番、111番元素合成の経験を踏まえて速度を決め、二〇〇三年の実験開始からそれを変えていません。もともと二〇〇日ビームを照射して、ようやく一個くらい合成できる確率でした。一個目と二個目が一〇〇日ほどで出たのは、ラッキーだっただけ。三個目が三〇〇日を超えて出なくても、何も不思議なことはありません。待っていれば、絶対に来るのです。」

二〇一二年五月の合同作業部会からのコールはすでに締め切られていましたが、森田グループは、新たに三例目の合成に成功したことと、一例目や二例目とは異なる新しい壊変過程を観測したことを、電子メールで伝えました。森田グループは、ゴールデンイベントともいえる今回の三例目が113番元素発見の優先権を主張するうえで十分な証拠と考え、二〇一二年八月一八日、九年間にも及んだ113番元素合成実験を終了しました。あとはＩＵＰＡＣからの朗報を待つのみです。

森田グループは、三例目の113番元素合成の論文の謝辞に、次のように述べています。

This article is dedicated to all the people who were lost or injured in the devastating earthquake and tsunami of March 11, 2011, that occurred in the northeast area of Japan.

（本論文は、二〇一一年三月一一日、日本の東北地方で起こった壊滅的な地震と津波によって失われたり、また傷ついたすべての人に捧げられる。）

オガネシアングループも、二〇〇四年の115番元素合成、二〇〇七年の113番元素合成の後も新元素の探索実験を継続していました。二〇一〇年、米国オークリッジ国立研究所（ＯＲＮＬ）（注４）を共同研究グループに加え、カルシウム48をバークリウム249標的に照射し、質量数293と294の117番元素の同位体をそれぞれ五、一原子合成しました。質量数293と294の117番元素の同位体のアルファ壊変生成物のなかには、質量数285と286の113番元素の同位体が含まれていました。オガネシアングループも、当然、原子番号115、113、117の新元素発見の優先権を合同作業部会に主張しました。

アジア初となる命名権獲得

合同作業部会のコールは二〇一二年五月に掛かりましたが、113番元素合成実験の審査結果はなかなか発表されませんでした。今年もだめだったかと思っていた二〇一五年の年末、一二月三〇日、ＩＵＰＡＣは、ついに113番以降の新元素合成実験に関する審査結果を発表しました。図7・4は、ＩＵＰＡＣのホームページで発表された原子番号113、115、117、118の新元素発見のプレスリリースです。

囲みの見出しには、次のように述べられています。

IUPAC announces the verification of the discoveries of four new chemical elements: The 7th period of the periodic table of elements is complete!

（ＩＵＰＡＣは、四つの新しい化学元素の発見の承認を発表します。元素の周期表の第7周期が完成しました！）

このプレスリリースで、ＩＵＰＡＣは、理研の森田グループが113番元素発見の判定基準を満たしたことを発表しました。発見者グループには、今後永遠に残る元素の名前の命名権が与えられます。欧米諸国以外の研究グループに元素の命名権が与えられるのは初めての快挙です。元素周期表にアジアの国としては初めて、日本発の元素が加わることになりました。ＩＵＰＡＣは、113番元

（注4）　Oak Ridge National Laboratory（ORNL）

Advancing Chemistry Worldwide

INTERNATIONAL UNION OF
PURE AND APPLIED CHEMISTRY

IUPAC Secretariat
PO Box 13757
Research Triangle Park, NC 27709 USA

Tel + 1 919 485 8700
Fax + 1 919 485 8706
secretariat@iupac.org
www.iupac.org

Executive Director
Dr. Lynn M. Soby

President
Dr. Mark C. Cesa (USA)

Vice President
Prof. Natalia P. Tarasova (Russia)

Past President
Prof. Kazuyuki Tatsumi (Japan)

Secretary General
Mr. Colin J. Humphris (UK)

Treasurer
Prof. John Corish (Ireland)

For Immediate Release

December 30, 2015

SUBJECT: Discovery and Assignment of Elements with Atomic Numbers 113, 115, 117 and 118

IUPAC announces the verification of the discoveries of

four new chemical elements:

The 7th period of the periodic table of elements is complete!

The fourth IUPAC/IUPAP Joint Working Party (JWP) on the priority of claims to the discovery of new elements has reviewed the relevant literature for elements 113, 115, 117, and 118 and has determined that the claims for discovery of these elements have been fulfilled, in accordance with the criteria for the discovery of elements of the IUPAP/IUPAC Transfermium Working Group (TWG) 1991 discovery criteria. These elements complete the 7th row of the periodic table of the elements, and the discoverers from Japan, Russia and the USA will now be invited to suggest permanent names and symbols. The new elements and assigned priorities of discovery are as follows:

Element 113 (temporary working name and symbol: ununtrium, Uut

The RIKEN collaboration team in Japan have fulfilled the criteria for element Z=113 and will be invited to propose a permanent name and symbol.

Elements 115, 117 and 118 (temporary working names and symbols: ununpentium, Uup; ununseptium, Uus; and ununoctium, Uuo)

The collaboration between the Joint Institute for Nuclear Research in Dubna, Russia; Lawrence Livermore National Laboratory, California, USA; and Oak Ridge National Laboratory, Oak Ridge, Tennessee, USA have fulfilled the criteria for element Z=115, 117 and will be invited to propose permanent names and symbols.

図 7・4 IUPACによる原子番号113，115，117，118の新元素発見のプレスリリース（2015年12月30日）

素と同時に、ロシアの合同原子核研究所、米国のローレンス・リバモア国立研究所とオークリッジ国立研究所の共同研究グループが、115番、117番、118番元素発見の判定基準を満たしたことも発表しました。二〇一五年一二月三〇日、これら四元素の承認によって、元素周期表の第７周期が完成したのです。元素発見史上、最大級の成果といえるでしょう。

ＩＵＰＡＣの発表は一二月三〇日二三時五〇分でした。日本時間では、一二月三一日、大晦日《おおみそか》の早朝でした。年末年始の休暇で帰省していた森田グループの研究者や理研の関係職員は、急いで埼玉県和光市の研究所に戻り、大晦日の夕方、日本初の元素誕生の記者会見を行いました（図７・５）。大晦日の夜のテレビでは、早速日本初の新元素発見のニュースが伝えられました。翌日、二〇一六年元旦の各社新聞紙の一面には、アジア初、日本発の新元素の発見のニュースが大きく取上げられました。二〇〇三年の実験開始から、一二年以上もの時が流れていました。森田グループは、長く温かい目で応援してくださった国民の皆様とともに、本当にめでたい新年を迎えることができました。

大晦日の記者会見で、実験グループを率いた森田浩介は、新元素発見の意義を次のように述べています。

「元素周期表に、日本発、アジア初の元素が加わりました。中学校以降の教科書にも収載されている周期表が書き換わるという意義深い成果であり、専門家のみならず、幅広い世代で科学に対

図 7・5　113 番元素発見の記者会見の様子（2015 年 12 月 31 日）
左から，理化学研究所 松本 紘 理事長，森田浩介 仁科加速器研究センター超重元素研究グループグループディレクター/九州大学大学院理学研究院教授，延與秀人 仁科加速器研究センターセンター長（組織名，役職名は当時のもの）．［写真：理化学研究所］

する関心が高まることが期待できます。

超重元素の発見をめぐる激しい競争が、アメリカ、ロシア、ドイツを中心に二〇世紀半ばより繰広げられてきました。本成功は、理研における高性能の加速器、検出・計測技術の蓄積、および二〇〇三年九月から一〇年近くに及ぶ地道な研究グループの開発研究によってなされたものです。

新元素の発見により、原子核構造の理解が深まり、宇宙における元素創成の謎の解明などの基礎科学の進展が期待されることに加え、将来的には、新しい安定核領域の発見とそれに伴うイノベーションを牽引することが期待できます。」

第8章　周期表第7周期の完成

二〇一五年一二月三〇日にもたらされた113番元素承認という嬉しいしらせは、115番、117番、118番元素承認、すなわち元素周期表の第7周期が完成したというしらせでもありました。これによって、周期表はメンデレーエフが発表して以来最も完成した形になりました。本章では、ロシアと米国による新元素探索によって第7周期が完成していくまでをみていきます。

114番と116番元素の合成

一九八〇年代から一九九〇年代にかけて、ドイツが107番から112番の新元素発見で独走するなか、ロシアと米国は共同研究グループを結成します。グループを率いるロシア合同原子核研究所のユーリ・オガネシアンは、サイクロトロンで加速したカルシウム48のイオンビームをさまざまな人工アクチノイド元素標的に照射し、114番元素フレロビウムFlから118番元素オガネソンOgまでの五元素の合成に成功しました（36、37ページ表3・2参照）。

オガネシアングループの実験装置は、第6章で説明した理化学研究所（理研）の113番元素のときと同様です。一九九九年、オガネシアングループは、ロシア合同原子核研究所の一つフレロフ核反応研究所のU400サイクロトロンとドブナ気体充填型反跳核分離装置（DGFRS）（注1）を用いて、カルシウム48ビームを94番元素プルトニウム244に照射し、質量数289の114番元素初の同位体を一原子合成したことを

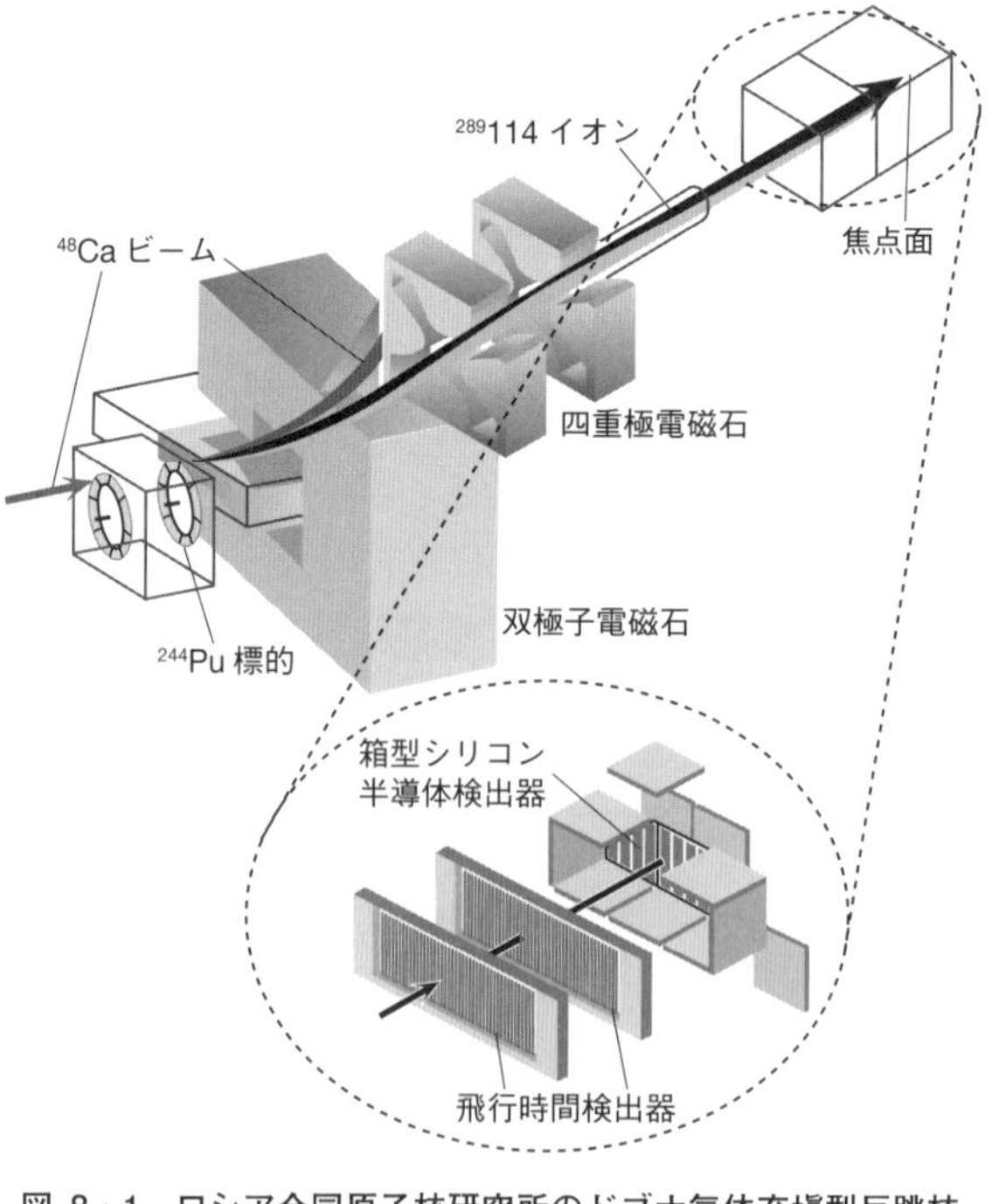

図 8・1　ロシア合同原子核研究所のドブナ気体充填型反跳核分離装置 DGFRS の概略図

報告しました。

ＤＧＦＲＳの概略図を図８・１に示します。ＤＧＦＲＳは、理研のＧＡＲＩＳによく似た分離装置ですが、ＧＡＲＩＳより一台少ない三台の電磁石（双極子電磁石一台、四重極電磁石二台）で構成されています。また、ＤＧＦＲＳの中には、ヘリウムではなく水素が充填されています。プルトニウム244とカルシウム48の核融合反応によって生成した質量数289の114番元素イオンは、ＤＧＦＲＳの電磁石によってビームや副反応生成物から質量分離され、焦点面に導かれま

（注１）　Dubna Gas-Filled Recoil Separator（DGFRS）

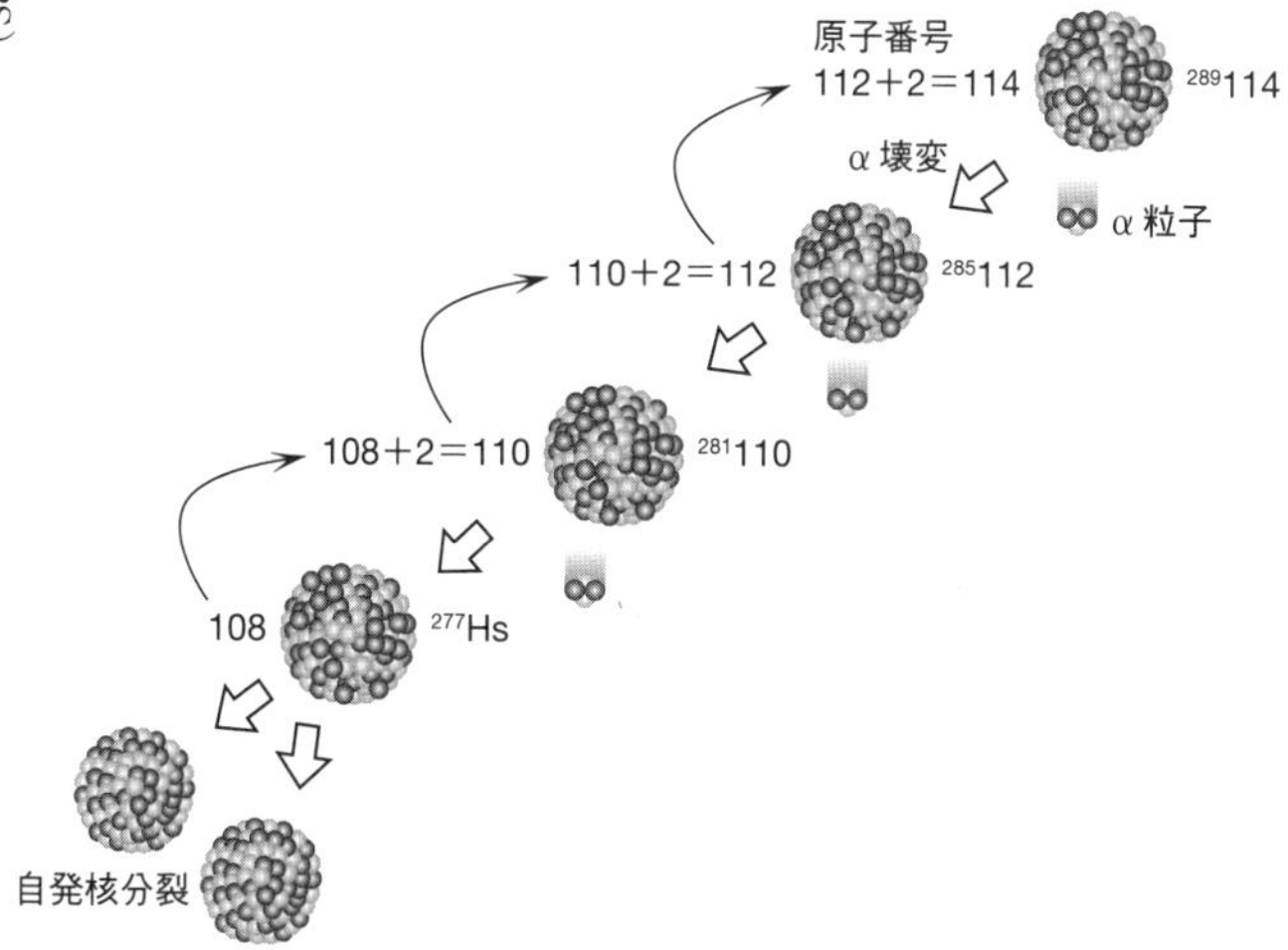

図 8・2　オガネシアンらが観測した 114 番元素の同位体 ^{289}114 の連続アルファ（α）壊変と自発核分裂壊変　1999 年当時, 114 番, 112 番, 110 番元素は IUPAC に正式に承認される前であったため, 元素記号は数字で記載した. Hs はハッシウムを表す.

す。焦点面には、GARISと同様な飛行時間検出器とシリコン半導体検出器が設置され、114番元素の同位体（$^{289}114$）のおよその質量、$^{289}114$とその壊変生成物の寿命、壊変に伴って放出されるアルファ粒子や核分裂片のエネルギーを測定することができます。

一九九九年、オガネシアンらは、図8・2に示した三回の連続するアルファ（α）壊変とそれに続く自発核分裂壊変を観測しました。質量数289の114番元素の同位体は、三〇・四秒の寿命で、エネルギー九七一万電子ボルトのアルファ粒子を放出して、質量数285の112番元素の同位体に壊変しました。さらにその後、一五・四分の寿命で質量数281の110番元素の同位体へ、110番元素の同位体は一・六分で108番元素ハッシウムHsへ、次々とアルファ壊変していきました。最後に、ハッシウム277は一六・五分の寿命で軽い二つの原子核に自発核分裂しました。

オガネシアングループは、同年、VASSILISSAとよぶ別の反跳核分離装置を用い、プルトニウムの別の同位体であるプルトニウム242にカルシウム48イオンを照射し、質量数287の114番元素の別の同位体を二原子合成したことを報告しました。二〇〇四年には、再びドブナ気体充塡型反跳核分離装置DGFRSを用いて、入射ビームのエネルギーを変化させ、質量数が288、287、286の114番元素の同位体をそれぞれ一、一五、九原子合成しました。さらに、標的をプルトニウム244にかえて、質量数289、288、287の114番元素の同位体をそれぞれ五、一二、一原子合成しました。

二〇〇〇年、オガネシアングループは、カルシウム48ビームを96番元素キュリウム248標的に照射し、DGFRSを用いて質量数293、292の116番元素の同位体の合成を報告しました。その後、別のキュリウムの同位体、キュリウム245標的を用いて、質量数291、290の116番元素の同位体を合成しました。

二〇一一年、新元素合成実験を審査する国際純正・応用化学連合（IUPAC）と国際純粋・応用物理学連合（IUPAP）の合同作業部会は、オガネシアンらが合成した多数の114番、116番元素同位体のうち、質量数287の114番元素と質量数291の116番元素の連続アルファ壊変が112番元素コペルニシウムCnの既知の同位体、コペルニシウム283につながったことから、114番と116番元素発見の優先権をロシア合同原子核研究所と米国ローレンス・リバモア国立研究所の共同研究グループに与えました。

113番、115番、117番元素の合成

オガネシアングループは、二〇〇四年、95番元素アメリシウム243標的にカルシウム48イオンを照射し、質量数287と288の原子番号115の新元素の同位体を合成しました（図7・3a参照）。さらに、二〇一〇年から二〇一二年にかけて、より中性子数の多い質量数289の115番元素の同位体を四原子合成しました。

二〇一〇年には、米国オークリッジ国立研究所を共同研究グループに加え、カルシウム48ビー

ムを97番元素バークリウム249標的に照射し、質量数293、294の原子番号117の新元素の同位体を合成しました。二〇一二年と二〇一三年には、同じ核反応により117番元素の追試に成功しました。

IUPACとIUPAPの合同作業部会は、質量数293の117番元素の同位体のアルファ壊変によって生成した質量数289の115番元素の同位体の壊変特性が、アメリシウム243とカルシウム48の反応により直接合成されたときの壊変特性に矛盾しないことから、115番と117番元素発見の優先権がロシアと米国の三つの研究所からなる共同研究グループにあるとしました。IUPACは、これを受け、二〇一五年一二月三〇日、115番と117番元素の発見を承認しました。

オガネシアングループは、115番、117番元素の同位体の連続アルファ壊変中に多数の113番元素の同位体を観測していました。二〇〇七年には、93番元素ネプツニウム237標的を用いて、質量数282の113番元素の直接合成にも成功していました（図7・3b参照）。しかし、オガネシアングループが113番、115番、117番元素の発見の証拠をそろえたのは二〇一三年であり、理研の森田グループが113番元素発見の証拠をそろえた二〇一二年にタッチの差で遅れました。

118番元素の合成

二〇〇六年、オガネシアングループは、カルシウム48ビームを98番元素カリホルニウム249標的に照射し、質量数294の118番元素の同位体を三原子合成したことを報告しました。二〇一二年には、長期の117番元素合成実験の際、バークリウム249（半減期三二〇日）標的の一部がベータマイナス壊変してカリホルニウム249となり、カリホルニウム249とカルシウム48による反応が起こって質量数294の118番元素が一原子合成されました。

合同作業部会は、質量数294の118番元素がアルファ壊変して生じた116番元素リバモリウム290と114番元素フレロビウム286の壊変特性が、それぞれ直接合成されたそれらの壊変特性に一致することから、118番元素発見の優先権がロシアの合同原子核研究所と米国のローレンス・リバモア国立研究所の共同研究グループにあるとしました。ＩＵＰＡＣはこれを受け、二〇一五年一二月三〇日、118番元素の発見を承認しました。

「安定の島」を目指して

核図表の最重元素領域を図８・３に示します。オガネシアンらによる、カルシウム48とさまざまなアクチノイド元素標的を利用した核融合反応によって、114番から118番までの五つの新元素、五〇以上の新しい同位体が発見されました。第５章で述べたように、魔法数である中性子数184、陽子数114、120あるいは126をもつ原子核は閉殻構造となって安定化することが予測されています。核図表の背景に、日本原子力研究開発機構の小浦寛之（こうら・ひろゆき）らの理論計算による安定化の度合いを等高線図で示しました。右上の安定化の度合いが大きな（色の濃い）領域が、「安

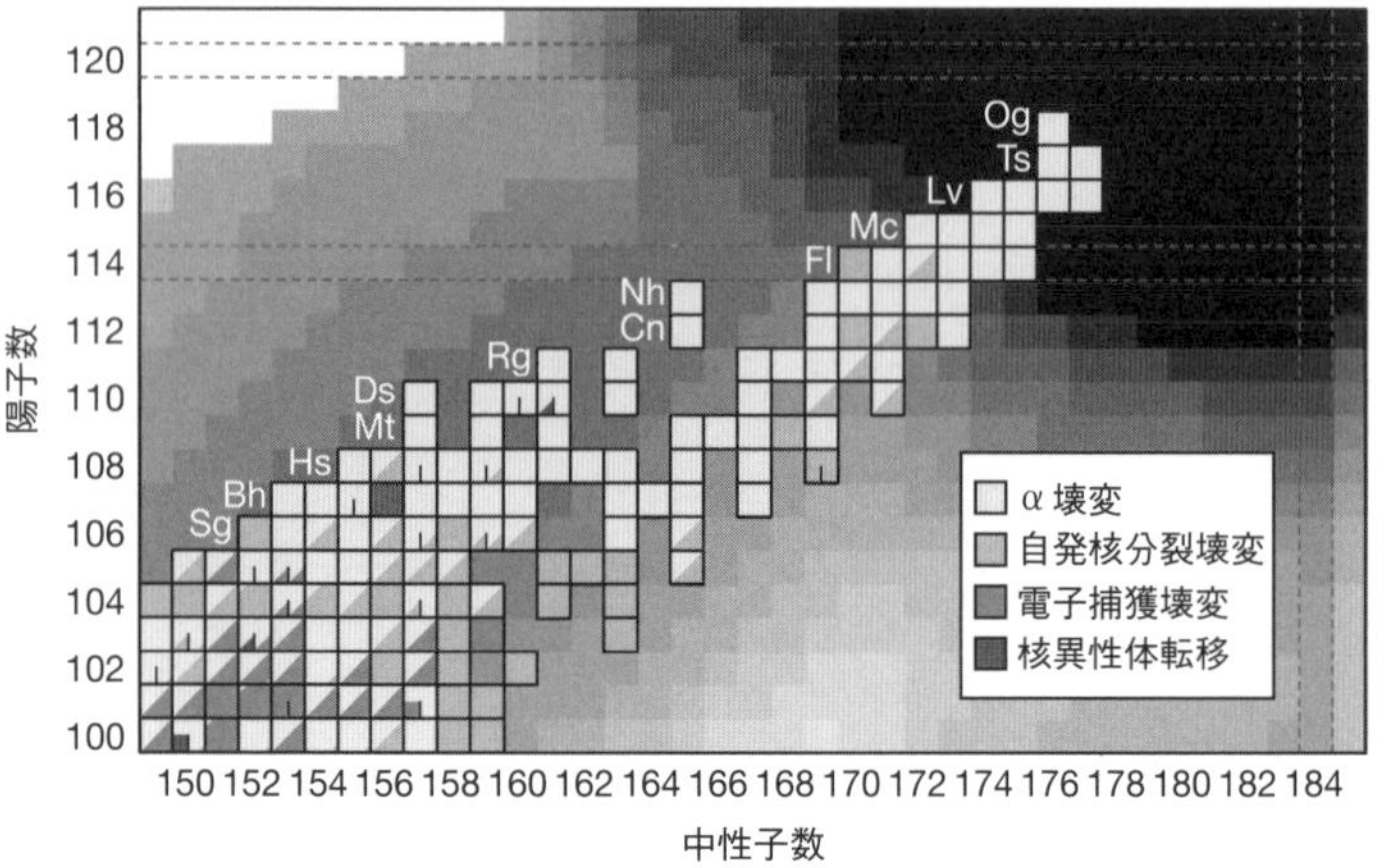

図 8・3　最重元素領域の核図表　中性子数 184，陽子数 114 または 120 は魔法数とよばれ，原子核が閉殻構造をとって安定化すると予測されている．図の背景は，理論計算による原子核の安定化の度合いを表し，色の濃い領域ほど安定化の度合いが大きい．［KTUY 質量公式 2005 年改訂版，小浦寛之ほか（https://wwwndc.jaea.go.jp/nucldata/mass/KTUY04_J.html）］

定の島」とよばれている領域です。一九六〇年代から、この領域には半減期が一〇〇万年以上の長寿命の原子核が存在すると予測されてきました。オガネシアングループが発見した多数の超重元素同位体の核反応断面積、半減期や壊変エネルギーなどの系統性は、「安定の島」の存在を強く支持しています。

一九六〇年代以降、安定の島にたどり着くことは、核物理学者と核化学者の大きな目標になっています。現在知られている最も重い原子核は、質量数294の117番元素テネシン294と118番元素オガネソン294です。テネシン294が最も多くの中性子をもっていますが（中性子数177）、魔法数の184までまだ七個も中性子が不足しています。オガネシアングループは、カルシウム48ビームを質量数249、250、251のカリホルニウムの混合標的に照射し、中性子数がより魔法数の184に近い、オガネソン295（中性子数177）やオガネソン296（中性子数178）などの探索を進めています。

これまでのようなカルシウム48などの安定同位体のイオンビームを用いた核反応では、合成される同位体が安定の島からはるかに中性子不足側となってしまいます。そこで、中性子数が豊富な放射性同位体（ＲＩ）をまず核反応でつくり、このＲＩをビームとして加速、標的核に照射して核融合反応を行うというアイディアがあります。残念ながら、現在利用できるＲＩビームの強度は、安定の島に存在する元素を合成するには何桁も足りません。次世代の大強度ＲＩビーム施設に期待がもたれています。

第9章　ニホニウム命名

新元素の命名法

こうして二〇一五年の大晦日《おおみそか》、理化学研究所（理研）の森田浩介らの研究グループに、113番元素の命名権が与えられることになりました。欧米諸国以外の研究グループに元素の命名権が与えられるのは初めての快挙です。本章では、元素の命名について説明します。

世界共通語となる元素名や元素記号は、どのようにして決まるのでしょうか。新元素の発見者には、周期表に永遠に輝く元素の**命名権**が与えられます。100番元素フェルミウムFmよりも原子番号が大きい元素は、超フェルミウム元素とよばれ、すべて人類が重イオン加速器を用いて人工合成し、発見した元素です。超フェルミウム元素は、米国、ロシア（ソビエト連邦）、ドイツなど、国家の威信をかけた熾烈《しれつ》な競争のもとで発見、命名されてきました（36、37ページ表3・2参照）。

新元素の名前は発見者が提案するという慣例がありました。このため、一つの元素に対して複数の発見者から新元素発見の主張と元素名の提案がなされ、一九六〇年代以降、大きな論争と混乱が巻起こります。

一九八六年、国際純正・応用化学連合（IUPAC《アイユーパック》）と国際純粋・応用物理学連合（IUPAP《アイユーパップ》）の超フェルミウム元素作業部会は、新元素発見の判定基準をつくり、101番から109番までの超フェルミウム元素の発見の優先権を検討しました。一九九三年、超フェルミウム元素作業部会は101番元素から109番元素の発見の優先権を確定し、一九九四年、IUPACは元素名と元素記号を提案しました。しかし、反対意見が多く、この提案はIUPACの総会で否決されてしまいます。IUPACは元素名の再検討を行い、表9・1のように、104番、105番、106番、108番元素の元素名と元素記号を見直して、一九九七年、101番から109番元素の元素名を最終決定しました（表9・2参照）。

二〇〇二年以降、IUPACは、新しく発見される元素の命名について次の明確なルールを設けています。

表 9・1　1994 年に提案され 1997 年に変更された元素名・元素記号

原子番号	1994 年		1997 年	
	元素名（英語名）	元素記号	元素名（英語名）	元素記号
104	Dubnium	Db	ラザホージウム (Rutherfordium)	Rf
105	Joliotium	Jl	ドブニウム (Dubnium)	Db
106	Rutherfordium	Rf	シーボーギウム (Seaborgium)	Sg
108	Hahnium	Hn	ハッシウム (Hassium)	Hs

110番元素以降の元素名は、すべてこのルールに従って命名されています。

新元素は、慣例にしたがい、次のいずれかにちなんで命名されなければならない。

- 神話の概念やキャラクター（天文学に由来するものも含む）
- 鉱物や類似物
- 地名や地域
- 元素の性質
- 科学者の名前

また、ある新しい元素に一時的に非公式の名前が用いられ、後に別の名前がその元素の公式名となった場合、混乱を避けるためにもとの非公式名は新元素の名前として今後使用することができません。以前、105番元素の名前に「ハーニウムHa」が用いられたことがあります。しかし一九九七年、105番元素の公式名としてドブニウムDbが承認されたため、ハーニウムは新元素の名前に用いることができなくなっています。同様に、一度用いられたことがある元素記号も、新元素に使用することができません。112番元素コペルニシウムCnは、当初、ドイツの発見者グループより元素記号「Cp」が提案されました。しかし、元素記号「Cp」は、二〇世紀初め、71番元素ルテチウムLuの非公式名である「カシオペイウムCp」に用いられたことがあり、112番元素の元素記号として認められませんでした。

周期表の第1族から第16族までの新元素の名前は、元素名としてわかりやすいように「-ium《イウム》」で終わることが求められています。一方で、第17族と第18族の新元素に関しては、慣例にしたがい、それぞれハロゲン元素になじみ深い「-ine《イン》」、貴ガス元素になじみ深い「-on《オン》」で終わることが定められています。

元素名決定までの長い道のり

新元素発見の研究成果（科学技術論文）は、まず、IUPACとIUPAPの合同作業部会によって審査されます。IUPACが定めた新元素発見の判定基準が満たされた場合、合同作業部会は、発見者とIUPACの無機化学部門にその審査結果を報告します。無機化学部門長は、発見者に二カ月以内に元素名と元素記号を提案するよう求めます。もし、発見者から六カ月以内に提案がなければ、代わりに無機化学部門が命名権を得ます。複数の機関に命名権が与えられ、期日までに合意された元素名が提出されない場合も、無機化学部門が命名権を得ます。

無機化学部門は、発見者から提案された元素名と元素記号について審査を行い、名称が適切と判断できれば、新元素名の案を一五名の専門家、他の関連委員会の役員、専門用語・命名法と記号の委員会に照会し、意見を求めます。さらに、新元素名の案はIUPACのウェブサイト上に公開され、パブリックコメントも集められます。また、IUPAPの意見も求められます。この過程で新元素名が受け入れられない場合は、無機化学部門が発見者と協議します。

以上の手続きが無事に完了した後、無機化学部門長は、新元素名の最終案をIUPACの評議会に提出し、承認を得られれば、IUPACの機関誌『*Pure and Applied Chemistry*』で公表します。新元素の正式な日本語名は、日本化学会の命名法専門委員会によって決定されます。

超フェルミウム元素の名前の由来

表9・2に示したように、超フェルミウム元素には、すべて科学者もしくは発見機関の所在地に由来した名前が付けられています。ここでは、超フェルミウム元素の名前の由来について簡単に紹介していきます。

一九五五年、米国カリフォルニア大学放射線研究所・化学科のアルバート・ギオルソらは、101番元素メンデレビウムMdの同位体をつくりだしました。元素名メンデレビウムは、一八六九年に元素周期表を提案したロシアの化学者**ドミトリ・メンデレーエフ**（図1・5参照）にちなんでいます。

ソ連の合同原子核研究所のゲオルギー・フレロフ（図9・6参照）らは、一九六六年、102番元素ノーベリウムNoの同位体を合成しました。元素名ノーベリウムは、スウェーデンの科学者で、ダイナマイトの発明やノーベル賞で著名な**アルフレッド・ノーベル**に由来しています。この元素名は、一九五七年、スウェーデンのノーベル物理学研究所のグループが102番元素の発見を報じたときに提案したものです。スウェーデングループの実験は、命名権獲得には至りませんでしたが、著名なノーベルの名を冠

表 9・2　超フェルミウム元素の名前の由来

原子番号	元素名	元素記号	元素名確定年†	元素名の由来
101	メンデレビウム	Md	1997	人名 ドミトリ・メンデレーエフ
102	ノーベリウム	No	1997	人名 アルフレッド・ノーベル
103	ローレンシウム	Lr	1997	人名 アーネスト・ローレンス
104	ラザホージウム	Rf	1997	人名 アーネスト・ラザフォード
105	ドブニウム	Db	1997	ロシアの都市名ドブナ
106	シーボーギウム	Sg	1997	人名 グレン・シーボーグ
107	ボーリウム	Bh	1997	人名 ニールス・ボーア
108	ハッシウム	Hs	1997	ドイツの州名（ラテン語）ハッシア
109	マイトネリウム	Mt	1997	人名 リーゼ・マイトナー
110	ダームスタチウム	Ds	2003	ドイツの都市名 ダルムシュタット
111	レントゲニウム	Rg	2004	人名 ヴィルヘルム・レントゲン
112	コペルニシウム	Cn	2010	人名 ニコラウス・コペルニクス
113	ニホニウム	Nh	2016	国名 日本
114	フレロビウム	Fl	2012	人名 ゲオルギー・フレロフ
115	モスコビウム	Mc	2016	ロシアの州名 モスクワ
116	リバモリウム	Lv	2012	米国の都市名 リバモア
117	テネシン	Ts	2016	米国の州名 テネシー
118	オガネソン	Og	2016	人名 ユーリ・オガネシアン

† IUPACが元素名を確定した年.

図9・1　アーネスト・ローレンス

した元素名は最初の提案のまま公式名として残されています。

103番、104番、105番元素は、米国とソ連がそれぞれ異なる核反応で合成し、新元素発見の優先権を分かち合っています。103番元素ローレンシウムLrは、サイクロトロンの発明や人工放射性元素の発見の成果によって一九三九年にノーベル物理学賞を受賞した米国の**アーネスト・ローレンス**（図9・1）の名前にちなんで名付けられました。

104番元素ラザホージウムRfの由来は、放射性元素の壊変や放射性物質の化学の研究で一九〇八年にノーベル化学賞を受賞した**アーネスト・ラザフォード**（図2・2参照）です。104番元素の発見当時は、米国とソ連の研究グループから、それぞれラザホージウムRf、クルチャトビウムKuの元素名が提案されていました。クルチャトビウムは、ソ連の核物理学者イーゴリ・クルチャトフにちなんでいます。

105番元素ドブニウムDbは、この元素が発見されたソ連合同原子核研究所のフレロフ原子核反応研究所がある、ロシアのモスクワ州の都市**ドブナ**にちなみます。105番元素については、米国とソ連の研究グループから、それぞれハーニウムHa、ニールスボーリウムNsの元素名が提案されていました。ハーニウムは、核分裂の発見で一九四四年にノーベル化学賞を受賞したドイツの核物理学者オットー・ハーン（図9・5参照）にちなんでいます。一方、ニールスボーリウムは、量子力学の誕生に指導的な役割を果たし、一九二二年にノーベル物理学賞を受賞したデンマークの理論物理学者ニールス・ボーア（図9・2）が由来です。元素名ニールスボーリウムは105番元素の名前としては認められませんでしたが、科学者ボーアの名はボーリウムBhとして107番元素に用いられています。

一九七四年、ギオルソらは、106番元素シーボーギウムSgの同位体を合成しました。元素名の由来となった**グレン・シーボーグ**（図9・3）は、一九五一年、超ウラン元素の発見の成果によってエドウィン・マクミランとともにノーベル化学賞を受賞しています。シーボーグは、89番元素アクチニウムAcに始まる元素を「アクチノイド」として分類し、アクチノイドに属する八元素（Pu、Am、Cm、Bk、Cf、Es、Fm、Md）の発見の根拠となった科学技術論文にも名を連ねています。元素名の由

図9・2　ニールス・ボーア

図9・3　グレン・シーボーグ

来となった科学者は多数いますが、生存中に由来となった科学者はシーボーグが初です。

一九八〇年代に入ると、ドイツ重イオン研究所の研究グループが新元素発見競争に参入します。ゴットフリート・ミュンツェンベルクとジーグルト・ホフマンらは、107番から112番までの六元素を立て続けに発見しました（図9・4）。

107番元素ボーリウムBhの元素名は、先に述べたようにデンマークの理論物理学者**ニールス・ボーア**（図9・2参照）にちなんでいます。108番元素ハッシウムHsは、重イオン研究所があるドイツ ヘッセン州のラテン語名

図9・4　ドイツ重イオン研究所で開催された112番元素コペルニシウムの命名式典（2010年7月12日）　握手する左側の人物は，112番元素合成実験グループを率いたジーグルト・ホフマン．握手する2人の間の人物は，107番から109番元素合成実験を率いたゴットフリート・ミュンツェンベルク．［Photo: G. Otto. Image rights: GSI Helmholtzzentrum für Schwerionenforschung GmbH］

ハッシア（Hassia）に由来しています。109番元素マイトネリウムMtは、91番元素プロトアクチニウムPaの発見や、オットー・ハーン、フリッツ・シュトラスマンとの核分裂の研究で業績を残した、オーストリアの物理学者**リーゼ・マイトナー**（図9・5）にちなんでいます。110番元素は、重イオン研究所のある**ダルムシュタット市**にちなみ、ダームスタチウムDsと命名されています。

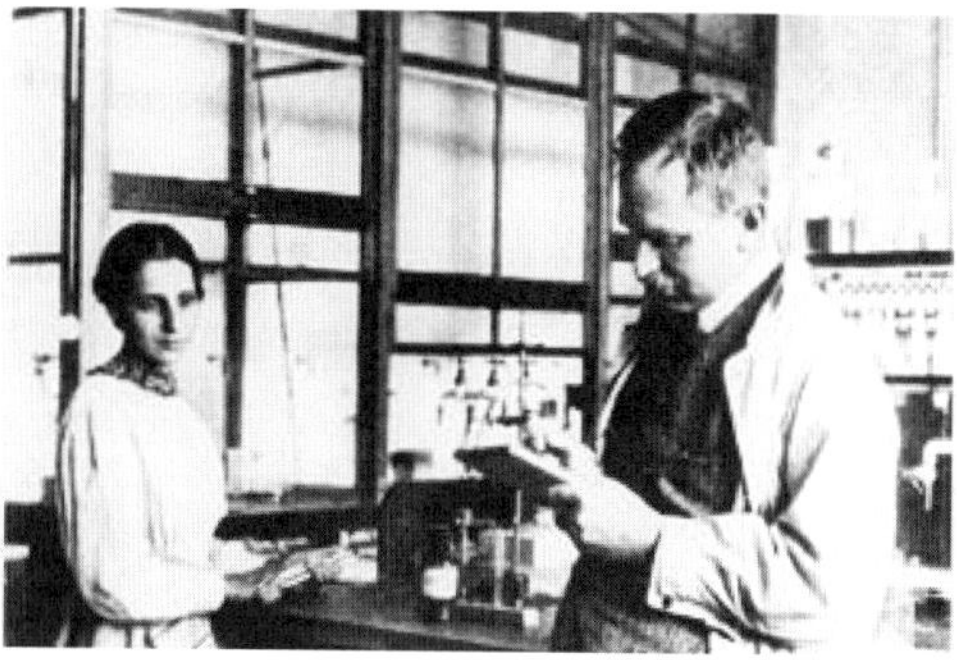

図9・5　リーゼ・マイトナー（左）**と**
オットー・ハーン（右）

111番元素レントゲニウムRgは、一九〇一年にX線の発見で第一回ノーベル物理学賞を受賞したドイツの**ヴィルヘルム・レントゲン**、112番元素コペルニシウムCnは、地動説を唱えたポーランドの天文学者**ニコラウス・コペルニクス**にちなんでいます。

ドイツが107番から112番までの新元素発見で成功を収めるなか、これまで競い合っていたロシアと米国は共同研究グループを結成します。グループを率いるロシアのユーリ・オガネシアンは、114番から118番元素の合成・発見に成功しました。

二〇一二年、IUPACは、オガネシアングループから114番と116番元素の元素名として、それぞれ提案された

図9・6　ゲオルギー・フレロフ［写真：ロシア合同原子核研究所フレロフ原子核反応研究所］

フレロビウムFl、リバモリウムLvを正式に承認しました。フレロビウムは、ソ連の原子核物理学者で、ロシア合同原子核研究所のフレロフ原子核反応研究所の生みの親である**ゲオルギー・フレロフ**（図9・6）にちなんで命名されています。一方、リバモリウムは、ロシアとともに共同で命名権を獲得した米国ローレンス・リバモア国立研究所があるカリフォルニア州の都市**リバモア**に由来しています。

オガネシアンらは、115番と117番元素の元素名として、それぞれモスコビウムMc、テネシンTsを提案し、二〇一六年、ニホニウムと同時にＩＵＰＡＣによって正式に承認されました。モスコビウムの由来は、ロシア合同原子核研究所がある**モスクワ州**の州名です。テネシンは、共同で命名権を獲得した米国オークリッジ国立研究所がある米国**テネシー州**の州名にちなんでいます。

周期表第7周期のトリを飾った118番元素は、ロシアと米国の共同研究グループを率いた**ユーリ・オガネシアン**（図9・8参照）の超重元素研究における長年の貢献に敬意を表し、オガネソンOgと命名されました。オガネシアンは、シーボーグにつづいて、生存中に元素名の由来となった二人目の科学者です。

113番元素の命名

二〇一五年一二月三〇日、ＩＵＰＡＣは、合同作業部会の審査報告書をもとに、113番元素発見の優先権が理研の森田グループにあることを正式に認めました。まもなく、ＩＵＰＡＣの無機化学部門長より、森田グループに新元素の名前と元素記号を提案するよう依頼がありました。森田グループは、四八名の実験者のあいだで113番元素の元素名と元素記号について慎重に協議しました。そして、113番元素が日本で初めて発見された元素であることから、**日本**（**Nihon**）の名を冠した元素名「nihonium」、元素記号「Nh」を提案することに決めました。実験者が祖国を想って命名した元素には、ニホニウムのほかに、マリー・キュリーがポーランドにちなんで命名した84番元素ポロニウムPoや、マルグリット・ペレーがフランスにちなんで命名した87番元素フランシウムFrがあります。

二〇一六年六月八日、ＩＵＰＡＣは、森田グループが提案した元素名をウェブサイトで世界に発信しました。「ニホニウム（nihonium）」は、世界中に向けて次のように紹介されました。

「原子番号113の元素について、理研仁科センター（日本）の発見者らが、元素名『nihonium』、元素記号『Nh』を提案しました。『Nihon』は、『Japan』の日本語での二つの呼び方のうちの一つで、文字どおり『日が昇る国』を意味します。この名前は、元素が発見された国に直接結び付くように提案されています。113番元素は、アジアの国で初めて発見された元素です。提案にあ

図 9・7　ニホニウム命名記念式典（2017 年 3 月 14 日，日本学士院）　開催にあたって，お言葉を述べられる皇太子殿下（現 天皇陛下）．皇太子殿下の左は，IUPAC のナタリア・タラソバ会長．［写真：理化学研究所］

たり、森田浩介教授が率いた研究チームは、一九〇八年に小川正孝が成した43番元素発見に関わる先駆的な仕事への敬意を表しています。研究チームは、この発見によって得られた科学に対する誇りと信頼をもって、二〇一一年の福島原子力発電所事故で被災された方々が失った科学への信用を取り戻したいと願っています。」

森田グループの提案は、先に述べた命名手続きを経て、二〇一六年一一月二八日、正式にＩＵＰＡＣに承認されました。元素周期表に永遠と輝く日の丸を背負った元素が誕生しました。

二〇一七年三月一四日、日本学士院

図 9・8　ニホニウム命名記念式典後，取材に応じた森田浩介理研超重元素研究グループディレクター（左）**とユーリ・オガネシアン ロシア合同原子核研究所教授**（右）（2017 年 3 月 14 日，所属は 2017 年当時のもの）［写真：理化学研究所］

にて、皇太子殿下のご臨席を仰ぎ、ニホニウム命名記念式典が開催されました。記念式典では、皇太子殿下より次のお言葉をいただきました（図9・7）。

「高校二年生の時の化学の夏休みの宿題は元素の周期表を三〇枚以上手書きで書くというものでした。大変な思いをして書いたその周期表に『ニホニウム』という日本の研究グループを発見者とする元素が一つ加わったということに感慨を覚えます。元素は、物質からなるこの世界の構成要素であり、これを探求することは、人類の科学の基礎をより豊かにするものです。このような基礎研究の更なる深化が、科学技術と社会の発展に大きく貢献することを期待しています。本日の式典を一つの契機として、科学技術が今後とも国境を越え、人々の協力によって発展し、世界人類の将来にとって有益なものとなることを願います。」

記念式典では、IUPACのナタリア・タラソバ会長が新元素ニホニウムの命名宣言を行い、つづいて研究グループを代表し、森田浩介がニホニウム命名の経緯を説明しました。114番から118番までの五元素の発見に成功し、118番元素オガネソンに名を残すことになったオガネシアンも記念式典に招待されました（図9・8）。

ニホニウム、モスコビウム、テネシン、オガネソンの誕生によって、元素周期表の第7周期がついに完結しました。元素発見史上、記念すべき出来事といえるでしょう。しかし、森田グループの新元素探索プロジェクトは始まったばかりです。ロシア-米国、ドイツ、日本-米国の研究グループは、すでに119番以降の新元素の探索を開始しています。次章では、さらなる新元素発見に向けた各研究グループの挑戦について説明します。

第10章　さらなる新元素を求めて

周期表は第7周期が完結し、一八六九年の誕生以来最も整った形をみせています。さて、これですべての元素が出そろったのでしょうか？　元素は何番まで存在するのでしょうか？　周期表は今後さらに進化していくのでしょうか？

元素は何番まで存在するのか

超ウラン元素のような重い原子では、中心にある原子核の正電荷が大きくなり、負電荷をもつ電子との相互作用が非常に大きくなります。すると原子核近傍の電子軌道（s軌道やp軌道）に存在する電子の速度は光速に近づき、**相対論効果**によって電子の質量が増大し、その結果、軌道半径が収縮します。一方、s軌道やp軌道の収縮により原子核の正電荷が遮蔽され、外側に存在する電子軌道（d軌道やf軌道）の半径は反対に大きくなります。このような相対論的な電子運動を考慮した相対論的電子構造計算によると、元素は173番くらいまで存在すると予測されています。

相対論効果によって、原子番号の増大とともに1s軌道の結合エネルギーは増大し、原子番号が

173くらいまで大きくなると1s軌道の結合エネルギーは一〇二・二万電子ボルトに達します。このエネルギーは、アルベルト・アインシュタインの質量とエネルギーの等価性の関係式$E=m_e \times c^2$（E：エネルギー、m_e：電子の質量、c：光速）より、ちょうど電子二個の質量と等価です。一〇二・二万電子ボルト以上のエネルギーが真空の一点に集中すると、電子（e^-）とその反粒子である陽電子（e^+）のペアが生成します。173番元素の1s軌道に電子が入ってないと、その大きな結合エネルギーによって真空から自発的に電子と陽電子のペアが生成し、原子系が崩壊してしまうのです。

フィンランド ヘルシンキ大学のペッカ・ピュッコは、172番元素までの電子状態を拡張平均レベル・ディラック-フォック法によって計算し、図10・1の周期表を提案しました。拡張平均レベル・ディラック-フォック法は、原子の電子状態を記述する量子化学計算法の一つで、電子相関効果と相対論効果を取入れることにより、多電子原子やイオンの電子軌道を高精度で計算することができます。原子内で電子が収められる軌道は、1s、2p、3d、4f、5g、…など多数あり、それぞれ軌道のエネルギー準位や収容できる電子数が異なります（130ページコラム参照）。電子は、エネルギー準位の低い軌道から順に収容されていきます。図10・1の各周期の右には、その周期の元素について最高エネルギー準位の電子軌道を示しました。未発見の119番と120番元素は、8s軌道にそれぞれ一個、二個の電子をもち、$8s^1$、$8s^2$の電子配置をとると予測され、第8周期の第1族、第2族におかれています。すなわち、119番と120番元素は、それぞれアルカリ金属元素、アルカリ土類

(凡例: 原子番号 / 元素記号)

周期＼族	1	2	3	4	5	6	7	8	9	10	11	12	13	14	15	16	17	18	電子軌道
1	1 H																	2 He	1s
2	3 Li	4 Be											5 B	6 C	7 N	8 O	9 F	10 Ne	2s 2p
3	11 Na	12 Mg											13 Al	14 Si	15 P	16 S	17 Cl	18 Ar	3s 3p
4	19 K	20 Ca	21 Sc	22 Ti	23 V	24 Cr	25 Mn	26 Fe	27 Co	28 Ni	29 Cu	30 Zn	31 Ga	32 Ge	33 As	34 Se	35 Br	36 Kr	4s 3d 4p
5	37 Rb	38 Sr	39 Y	40 Zr	41 Nb	42 Mo	43 Tc	44 Ru	45 Rh	46 Pd	47 Ag	48 Cd	49 In	50 Sn	51 Sb	52 Te	53 I	54 Xe	5s 4d 5p
6	55 Cs	56 Ba	57-71 *	72 Hf	73 Ta	74 W	75 Re	76 Os	77 Ir	78 Pt	79 Au	80 Hg	81 Tl	82 Pb	83 Bi	84 Po	85 At	86 Rn	6s 5d 6p
7	87 Fr	88 Ra	89-103 †	104 Rf	105 Db	106 Sg	107 Bh	108 Hs	109 Mt	110 Ds	111 Rg	112 Cn	113 Nh	114 Fl	115 Mc	116 Lv	117 Ts	118 Og	7s 6d 7p
8	119	120	121-138 141-155 ‡	156	157	158	159	160	161	162	163	164	139	140	169	170	171	172	8s 7d 8p
9	165	166											167	168					9s 9p

	周期																電子軌道
*ランタノイド	6	57 La	58 Ce	59 Pr	60 Nd	61 Pm	62 Sm	63 Eu	64 Gd	65 Tb	66 Dy	67 Ho	68 Er	69 Tm	70 Yb	71 Lu	4f
†アクチノイド	7	89 Ac	90 Th	91 Pa	92 U	93 Np	94 Pu	95 Am	96 Cm	97 Bk	98 Cf	99 Es	100 Fm	101 Md	102 No	103 Lr	5f
‡スーパーアクチノイド	8	141	142	143	144	145	146	147	148	149	150	151	152	153	154	155	6f

	周期																			電子軌道
‡スーパーアクチノイド	8	121	122	123	124	125	126	127	128	129	130	131	132	133	134	135	136	137	138	5g

図 10・1　ピューッコの拡張型周期表　各周期の右に，その周期の元素について最高エネルギー準位の電子軌道を示す．

金属元素と考えられます。

　これより原子番号が大きくなると、元素の並べ方は第7周期までのように単純ではありません。7d、6f、5g軌道、さらに9s、$9p_{\frac{1}{2}}$、$8p_{\frac{3}{2}}$軌道のエネルギー準位の差が小さいため、エネルギー的にp、d、f、gブロックの区別が難しくなります。

　ピューッコの計算では、121番から138番元素までは5g元素、この後に$8p_{\frac{1}{2}}$元素として139番と140番元素、6f元素として141番から155番元素、7d元素として156番から164番元

電 子 配 置

原子内の電子は，エネルギー準位の低い方から順に，**電子軌道** 1s，2s，2p，3s，3p，4s，3d，4p，5s，4d，5p，6s，4f，… に詰まっていきます（s，p，d，f 軌道には，それぞれ最大 2，6，10，14 個の電子が収容されます）．これらの電子軌道は内側から順に**電子殻** K（1s），L（2s, 2p），M（3s, 3p, 3d），N（4s, 4p, 4d, 4f），O（5s, 5p, 5d, 5f, 5g），… を構成します．最も外側の電子殻に存在する電子のことを**価電子**とよびます．ただし，貴ガス元素の場合，価電子は 0 とします．価電子は原子間の化学結合において重要な役割を果たしています．

113 番元素ニホニウム Nh の場合，下図に示したように 113 個の電子が ①～⑧ の順に詰まっていきます．最外殻の Q 殻には，7s 軌道に 2 個と 7p 軌道に 1 個，合計 3 個の電子が詰まっています．

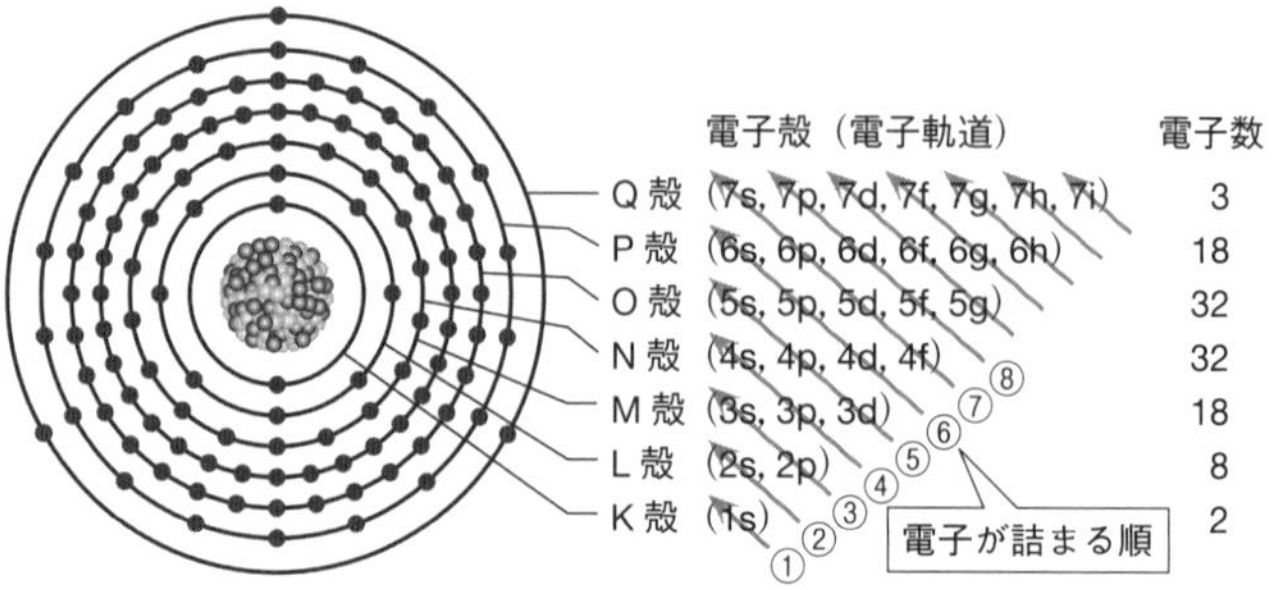

電子殻のモデル：ニホニウムの場合

素が続きます。さらに原子番号が大きい165番と166番元素はそれぞれ$9s^1$、$9s^2$の電子配置をとり、第9周期の第1族、第2族におかれています。続く167番と168番元素は$9p_{\frac{1}{2}}$元素として第9周期の第13族と第14族に、169番から172番元素は$8p_{\frac{3}{2}}$元素として第8周期の第15族から第18族におかれています。

これからの合成戦略

ロシアと米国の共同研究グループは、合同原子核研究所のサイクロトロンで加速した二重魔法数（陽子数20、中性子数28）のカルシウム48を入射粒子とし、アクチノイド元素標的の原子番号を94（プルトニウム242）、96（キュリウム245）、97（バークリウム249）、98（カリホルニウム249）と大きくしていくことによって、114番から118番元素の発見に成功しました。標的として用いたこれらのアクチノイド元素は、米国オークリッジ国立研究所などにある中性子密度が非常に高い原子炉を用いて製造されます。

中性子捕獲反応による超ウラン元素の合成過程を図10・2に示します。まず、天然に存在する質量数235と238のウランUを標的として、原子炉内で中性子を捕獲させることにより、同位体の質量数が大きくなります（右向き矢印）。次の中性子を捕獲する前にベータマイナス壊変が起これば、原子番号が一つ大きくなります（上向き矢印）。左向きと下向きの破線矢印は、アルファ壊変を表しています。アルファ壊変が起こると原子番号が2、質量数が4小さい同位体に戻ってしまいます。ウラン235と238を標的とした中性子捕獲過程により、キュリウム244までの超ウラン元素が生成します。つづいて、キュリウム244を標的とし、これに次々と中性子を捕獲させます。最終的に原子炉内で質量数257の100番元素フェルミウムFmまでの超ウラン元素が合成されます。しかし、フェルミウム257が中性子を捕獲して生じたフェルミウム258は、半減期が非常に短く（〇・三七ミリ秒）、次の中性子を捕獲する前に、自発核分裂壊変により原子番号が小さな二つの原子核に分裂してしまいます。

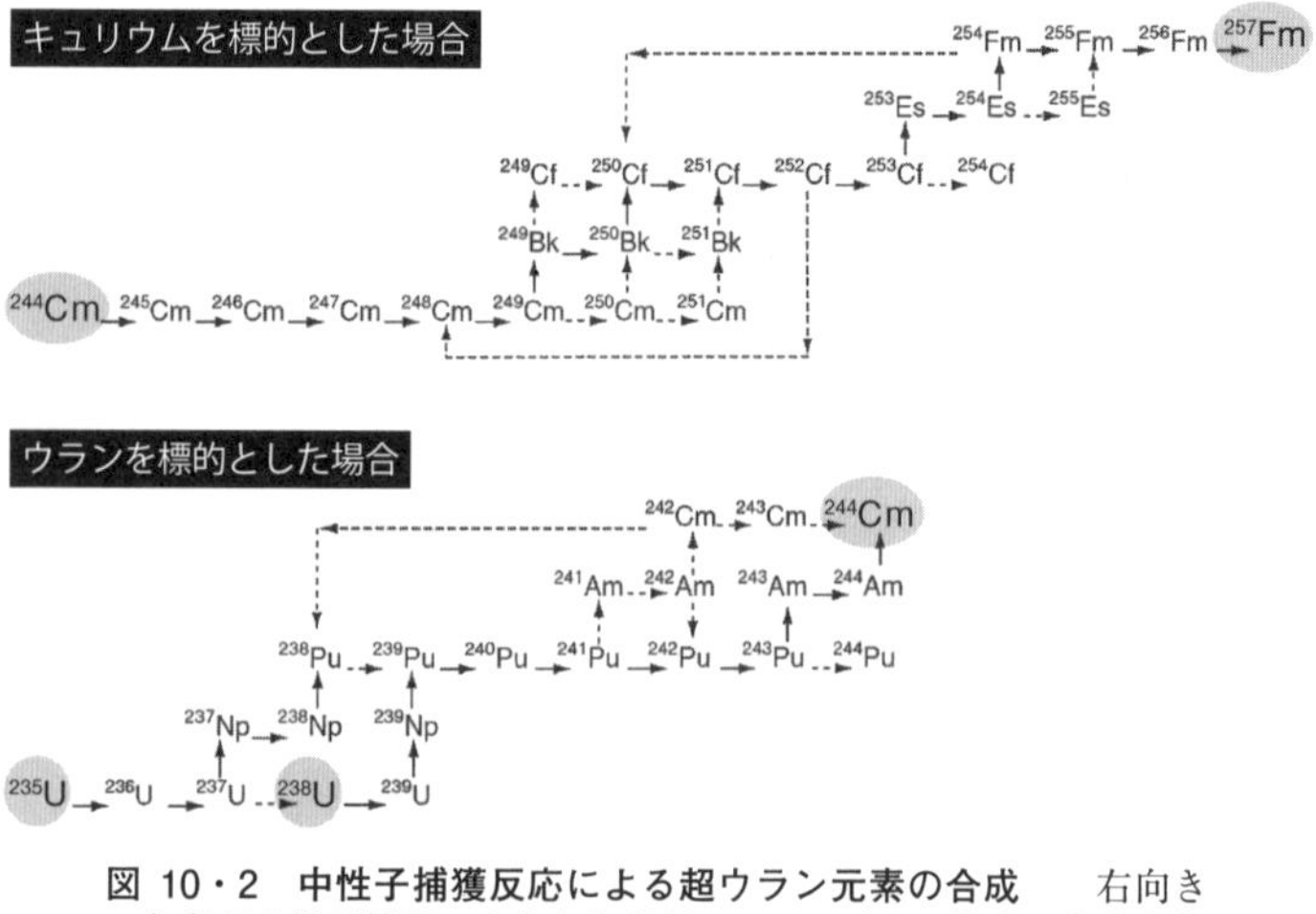

図 10・2　中性子捕獲反応による超ウラン元素の合成　右向き矢印が中性子捕獲，上向き矢印がベータマイナス壊変，左向きと下向きの破線矢印がアルファ壊変，実線は主要なルートを表す．Uはウラン，Npはネプツニウム，Puはプルトニウム，Amはアメリシウム，Cmはキュリウム，Bkはバークリウム，Cfはカリホルニウム，Esはアインスタイニウム，Fmはフェルミウム．

カリホルニウムCfよりも原子番号が大きな99番元素アインスタイニウムEsやフェルミウムFmの同位体は半減期が短く、生成してもすぐに壊変してしまうので、新元素合成実験に必要な標的量（およそ一ミリグラム以上）を入手することができません。したがって、119番以降の新元素を合成するためには、従来のように標的の原子番号を大きくするのではなく、カルシウム48よりも原子番号が大きな入射粒子（原子番号21以上）を用いる必要があります。

第8周期元素の探索

ロシアのユーリ・オガネシアンらは、二〇〇九年、26番元素の鉄58イオンを94番元素プルトニウム244標的に照射し、120番元素を合成する実験を試みました。120番元素は検出されず、オガネシアンらは、核反応断面積（核反応の起こりやすさを表す、第5、6章参照）の上限値として〇・四ピコバーンを報告しました。一方、ドイツ重イオン研究所のジーグルト・ホフマンらは、二〇〇九年、28番元素ニッケル64を92番元素ウラン238に照射し、120番元素の探索を行いました。一一六日間もの照射実験の結果、〇・〇九ピコバーンの上限値を報告しています。さらにホフマンらは、二〇一六年、24番元素クロム54を96番元素キュリウム248に照射し、120番元素を探索しました。一三三日間の実験の結果、上限値〇・五八ピコバーンを報告しています。二〇二〇年、同じくドイツのJadambaa Khuyagbaatarらは、22番元素チタン50イオンを97番元素バークリウム249と98番元素カリホルニウム249標的に照射し、119番、120番元素の合成実験を行いました。119番、120番元素の反応断面積の上限値として、それぞれ〇・〇六五、〇・二ピコバーンが報告されています。

これらの実験の結果、119番以降の新元素合成の反応断面積は、114番や115番元素の反応断面積（約一〇ピコバーン）と比較して二桁以上も小さいことがわかってきました。119番以降の新元素を合成するためには、より大強度のビームを発生できる加速器、大強度ビーム照射による熱負荷に耐える標的、短寿命の超重元素の同位体を効率よくビームや副反応生成物から分離する装置、超重元素同位体の放射壊変を高感度で捉える検出器、短寿命の原子核壊変を記録するデータ収集機器など、さまざまな技術開発が必要です。

ロシア合同原子核研究所では、次世代の超重元素科学研究を推進するため、Dubna SHE Factory（「ドブナ超重元素工場」の意）とよぶ新サイクロトロン実験施設が建設されました。Dubna SHE Factoryに設置された新型サイクロトロンＤＣ－２８０は、これまで118番元素までの合成に用いられてきた旧サイクロトロンＵ４００に比べて一〇倍の強度のビームを出力できると期待されています。さらに、Dubna SHE Factoryでは、合成した新元素の同位体を効率よく分離、収集できる新型の気体充塡型反跳核分離装置（ＤＧＦＲＳ－Ⅱ）（注１）も開発されました。今後、ＤＣ－２８０とＤＧＦＲＳ－Ⅱを用いて、119番元素、120番元素を合成する実験などが計画されています。また、ドイツ重イオン研究所、フランス重イオン加速器施設（ＧＡＮＩＬ）（注２）、中国科学院近代物理研究所（ＩＭＰ）[注3]でも、新元素の発見を目指して、重イオン加速器の建設や実験装置の開発が進められています。

理研の新元素探索のこれから

理研では、ニホニウムに続くさらなる日本発の新元素を目指して、二〇一七年六月より、ニホニウムの合成に使用された重イオン線形加速器（ＲＩＬＡＣ《ライラック》）のアップグレードが進められてきました。これまでの18 GHz ECRイオン源より強力な28 GHz ECRイオン源が開発されました。さらに、加速器の後段に超伝導加速空洞を一〇台設置することによって、より高いエネルギーの重イオンを加速できるようになりました。これらの改造により、これまでの約五倍の強度の重イオンビームを発生できる見込みです。理研の加速器グループは、二〇二〇年一月、アップグレードされた理研超伝導重イオン線形加速器（ＳＲＩＬＡＣ《エスライラック》）[注4]を用いて、ファーストビームの発生に成功しています。

（注1）Dubna Gas-Filled Recoil Separator Ⅱ（DGFRS－Ⅱ）
（注2）Grand Accélérateur National d'Ions Lourds（GANIL）
（注3）Institute of Modern Physics（IMP）
（注4）Superconducting RIKEN Linear ACcelerator（SRILAC）

理研の森田グループは、今後熱い核融合反応によって新元素を探索していくため、超重元素イオンの収集効率が従来の理研気体充塡型反跳核分離装置（ＧＡＲＩＳ《ガリス》）に比べて約二倍大きいＧＡＲＩＳ Ⅱを開発しました。理研では、23番元素バナジウム51のイオンを96番元素キュリウム248標的に照射し、119番元素の探索を進めていく計画です。しかし、日本には人工元素であるキュリウム248を製造できる特殊な原子炉がありません。そこで、米国オークリッジ国立研究所と共同研究を行い、キュリウム248原料の提供を受けて実験が進められています。

　森田グループは、二〇一八年初めより、先行して理研リングサイクロトロンとＧＡＲＩＳ Ⅱを利用し、119番元素の探索実験を開始しています（次ページのインタビューも参照）。ニホニウムに続く日本発の新元素誕生に期待が高まります。

森田浩介博士に聞く　新元素合成への新たな挑戦

119番元素を求めて

――森田博士のグループが合成した113番元素ニホニウムをはじめ、二〇一六年には118番元素のオガネソンまでが正式に命名されました。現在、さらなる新元素探索を目指して119番元素の合成に挑戦しているとのことですが、意気込みをお聞かせください。

森田　未発表の新元素の発見に向けて、おおいに気持ちを込めてやっているところです。

――ニホニウムに続く新元素探索となると、気持ちに変化はありますか。

森田　特に違いはないと思います。この研究は終わりがなく、一つやればまた次の目標が出てきますから。

――ニホニウムのときと比べて難しいと感じる点はどこでしょうか。

森田　原子番号が大きなものを合成するために、原子核反応の確率が下がりますので、より多くの時間がかかるというところが、ニホニウムに比べてさらなる難しさがあると思っております。

――それを克服するために何か準備をされていますか。

森田　収量の増加を図るために、加速器を改造してビーム強度を増強したり、新元素イオンの収集効率を上げるために気体充填型反跳核分離装置を改造したりするなど、実験者として努力してやっております。

――競争が激しい分野で、同じ目的をもつ研究者が世界各地にいると思います。

森田　いまのところ、ロシアのフレロフ核反応研究所のグループが一番のライバルだと思っています。

――日本の強みはどのあたりにあるのでしょうか。

森田　使っている実験装置、周辺機器はすべて自分たちでつくってきたものなので、そこを自由に改造できるという強みがあります。

――これから119番元素の合成実験が始まるとのことですが、いつごろ結果が出ると思われていますか。

森田　難しい質問で、具体的に時期を指定することはできませんけれども、少なくとも成功するには一〇年くらいはかかると見込んでおります。

――この成功というのは、元素発見の対象となる同位体を発見すること、それとも最終的には命名権を取るところまで考えられて成功という言葉でしょうか。

森田　まずは最低一原子を合成するところで考えています。ですから、新元素の命名についてはいろいろ考えることがあるのですが、ここで口に出して言うことは遠慮いたします。

――119番元素はどのような化学的性質をもっていると考えられているのでしょうか。

森田　より原子番号が小さい元素からの周期性が新元素の領域にも成り立つとすると、119番元素はアルカリ金属であると考えられています。

――そうするとナトリウムやセシウム、周期表ではフランシウムの下に入りますので、一価の陽イオンになりやすい元素ではないかということですね。

森田　そのとおりです。

新元素探索の未来

――研究のどこに魅力を感じていますか。

森田　自然界を構成する基本的な構成要素である

元素のなかで、まだ未発見のものを発見するというところが最大の魅力です。

——おもに原子核物理の専門家と一緒に元素発見・合成の仕事をされていますが、この分野をさらに盛り上げていくためにはどのような方に加わってほしいと思いますか。

森田 化学に詳しい方に研究に参加していただけるとありがたいと思います。

——核化学ですね。

森田 はい。それから実験のテクニックに優れた方ですね。イオン源や計測技術などの周辺分野のテクニックをおもちの方が新たに加わっていただけると盛り上がると思います。

——宇宙でどこまで重い元素ができたかということも、非常に興味深い謎だと思うのですが、宇宙分野の先生方に興味をもっていただくというのはいかがでしょうか。

森田 それはたいへん重要なことだと思います。それから宇宙で起こりうる化学ですね。そういった宇宙に存在する元素の合成や検出に関する研究をされている方の参加も発展の方向としては面白いと思います。

——では、新元素探索に将来携わっていきたい若手に、今のうちにやっておくとよいことや、期待していることはありますか。

森田 どうしても国際共同研究になりますので、コミュニケーション能力に磨きをかけていただければよいと思います。

——最後に学生や若手研究者に向けて、ひとことお願いします。

森田 自分が何をやりたいのかを早く見つけて、それに集中して取組んでいただきたいと強く思います。

（現代化学二〇二〇年九月号より転載）

第11章　超重元素の化学

期待されるユニークな性質

次々発見される新しい元素はどのような化学的性質を示すのでしょうか。化学的性質の周期性は、超重元素にもみられるのでしょうか。

周期表の縦の列、すなわち同族にある元素は、互いによく似た化学的性質をもつことが知られています。これは、化学反応に大きく関与する、最外殻電子（価電子、第10章コラム「電子配置」参照）の配置にもとづいて周期表がつくられているからです。例として、図11・1に、周期表と第1族のアルカリ金属元素、縦に並ぶナトリウムNa、カリウムK、ルビジウムRbの電子配置を示します。ナトリウム、カリウム、ルビジウムは、最外殻に電子が一個だけ存在し、この一個の電子を放出して+1の陽イオンになりやすい性質があります。これらの陽イオンは、最外殻に電子が詰まった安定な貴ガスである、ネオンNe、アルゴンAr、クリプトンKrの電子配置をとります。

第10章でも述べたように、超重元素のような重い原子では、中心にある原子核の正電荷が大きくなり、負電荷をもつ電子との相互作用が非常に大きくなります。すると原子核近傍の電子軌道（s軌道やp軌道）に存在する電子の速度は光速に近づき、アルベルト・アインシュタインの相対論効果によって電子の質量が増大し、その結果、電子の軌道半径が収縮します。一方、電子軌道（s軌道やp軌道）の収縮により原子核の正電荷がより遮蔽されるため、原子核から離れた外側に存在するd軌道やf軌道の半径は反対に大きくなります。

図11・2に、周期表第6族元素のクロムCr、モリブデンMo、タングステンW、シーボーギウムSgの計算によって得られた価電子軌道のエネル

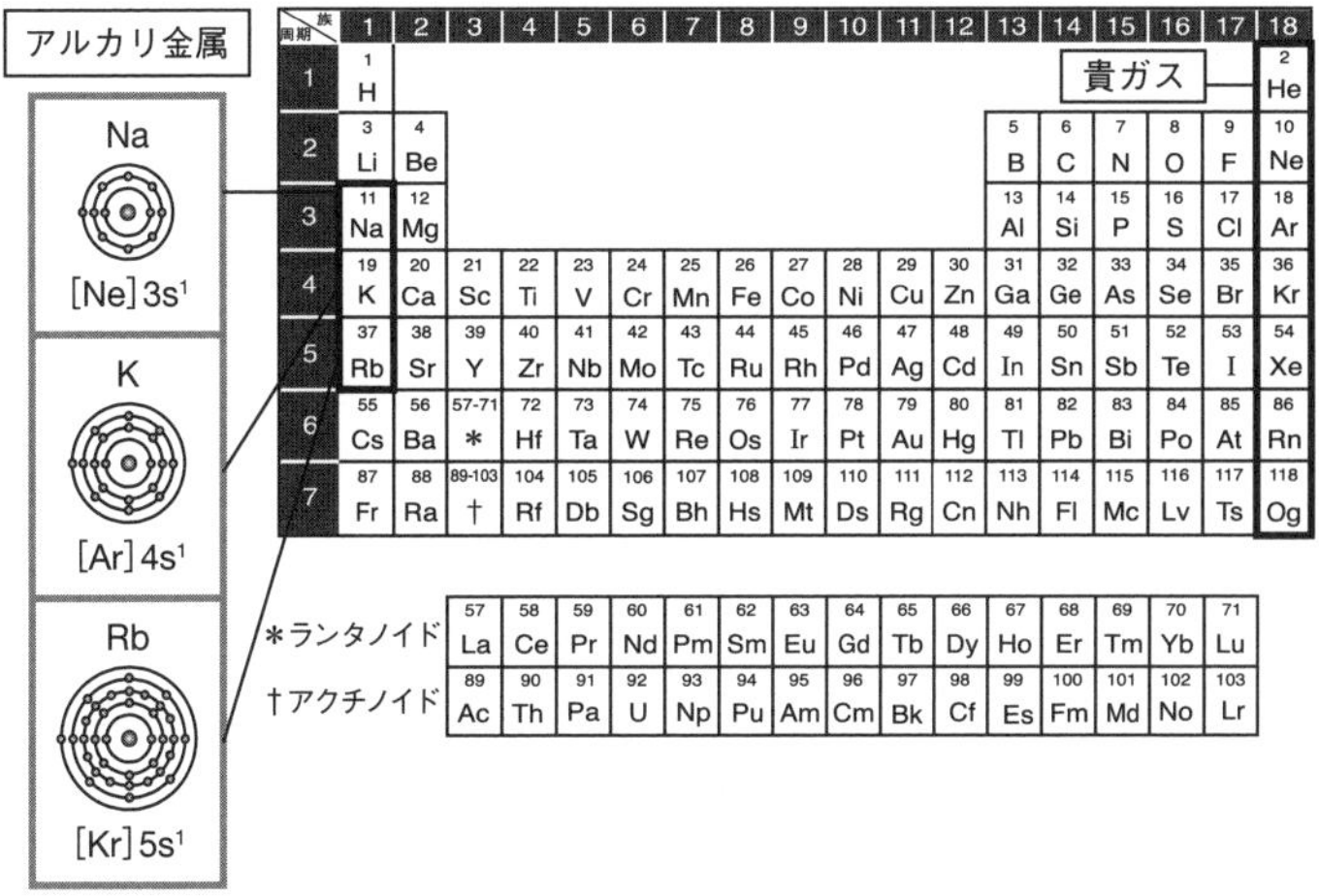

図 11・1　元素周期表とアルカリ金属 ナトリウム（Na），カリウム（K），ルビジウム（Rb）の電子配置　たとえば，Naの電子配置 [Ne]$3s^1$ は，ネオン（Ne）の電子配置に加えて，さらに3sという名の軌道に電子が1個入っていることを表す．上付き数字はその軌道に入っている電子の数．

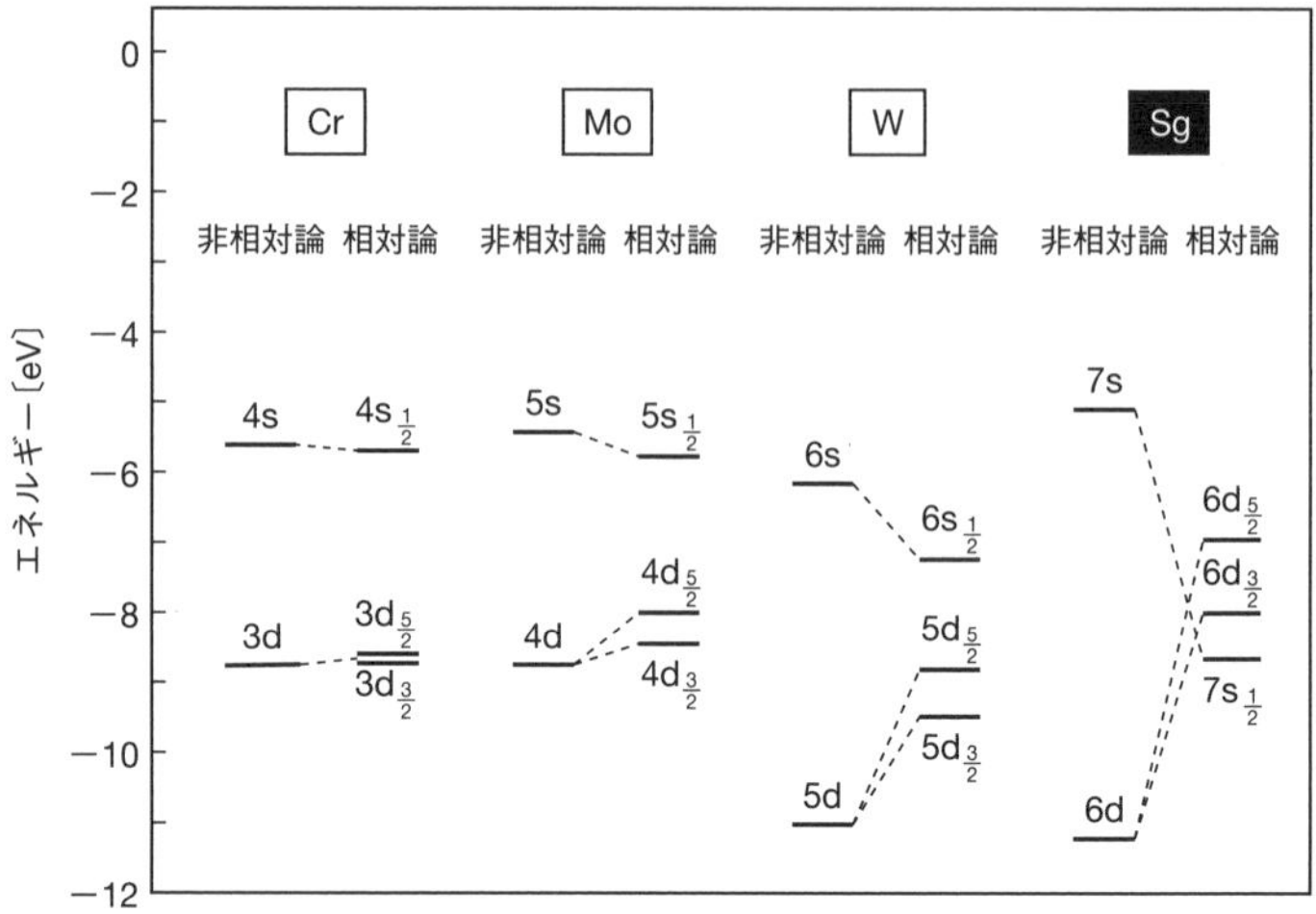

図 11・2 周期表第 6 族元素のクロム（Cr），モリブデン（Mo），タングステン（W），シーボーギウム（Sg）の価電子のエネルギー準位計算　非相対論計算と相対論計算を比較して示す．エネルギー準位は低いほど安定である．［M. Schädel, *Angew. Chem. Int. Ed.*, **45**, 368 (2006)］

ギー準位を、相対論効果の有無によって比較しました。超重元素のシーボーギウムでは、相対論効果により7s軌道のエネルギー準位は低くなって安定化し、逆に、6d軌道のエネルギー準位は高くなって不安定化することで、s軌道とd軌道の準位逆転が起こっています。さらにスピン-軌道分裂も現れます。クロムやモリブデンのような軽い元素でも相対論効果はみられますが、効果の大きさは原子番号の二乗に比例して大きくなります。原子番号が大きい元素ほどこの効果は顕著に現れます。

このように、超重元素の領域では化学結合に関与する価電子の軌道が大きく変化し、周期表の族、すなわち縦の並びからは予測もつかないユニークな化学的性質の出現が期待されています。しかし、超重元素の生成率はきわめて低く、寿命は一分にも満たないくらい短いため、一原子目が生成しても、二原子目が生成する前に最初の原子は壊変して別の元素の原子へと変わってしまいます。人類が一度に手にすることができる超重元素の原子数はわずか一個程度です。このため超重元素の化学は、単一原子の化学とよばれます。

原子一個を相手にする実験

通常の化学ではモル量、すなわち一モル（$1\ \mathrm{mol} = 6.02 \times 10^{23}$個）から一マイクロモル程度の原子を取扱い、物質の化学的性質を調べています。しかし、超重元素の場合、わずか一個の原子で、その化学的性質を調べることができるのでしょうか。

図11・3に、ある化学種が水相と有機相の二相間に分配

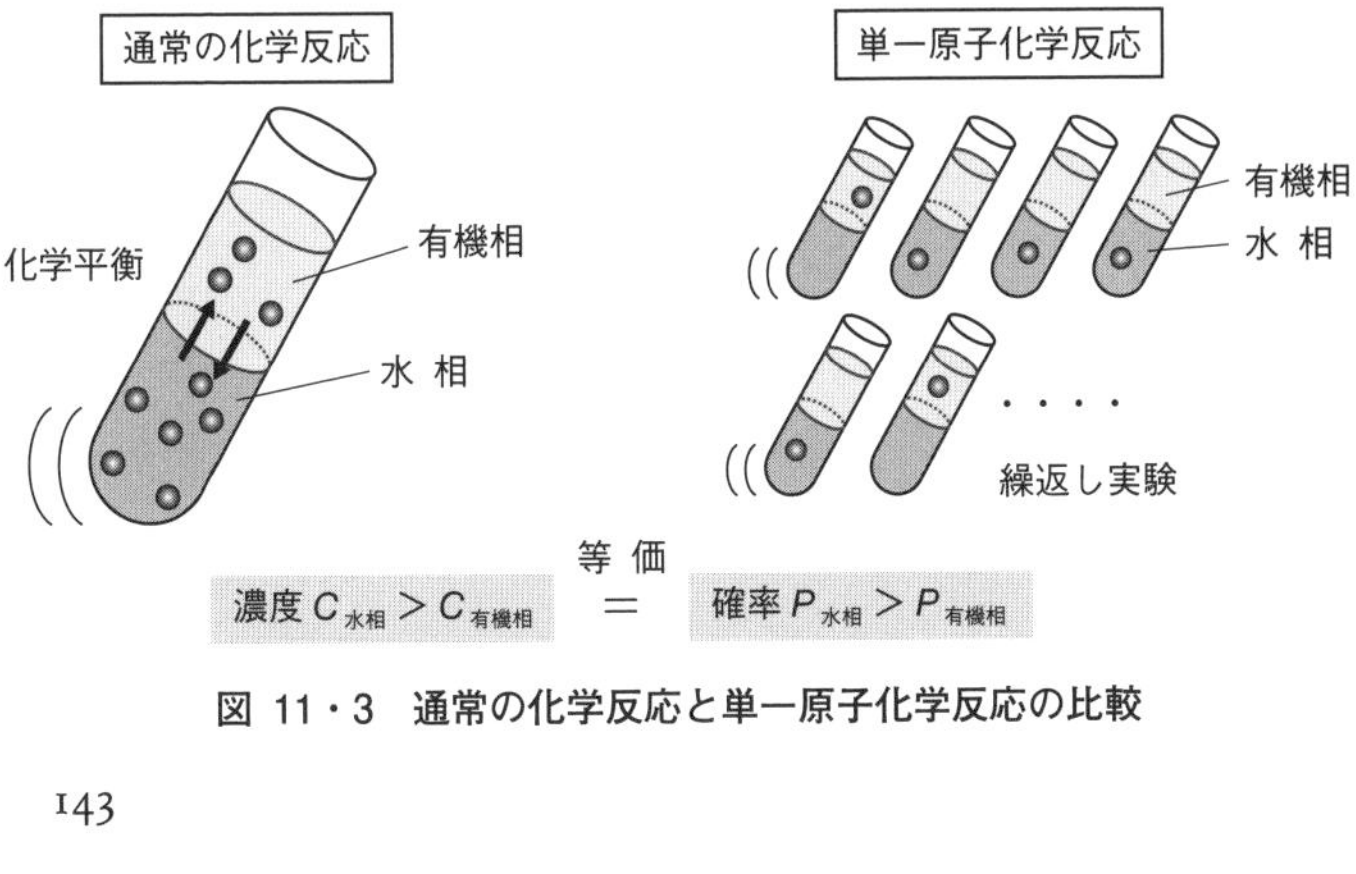

図 11・3　通常の化学反応と単一原子化学反応の比較

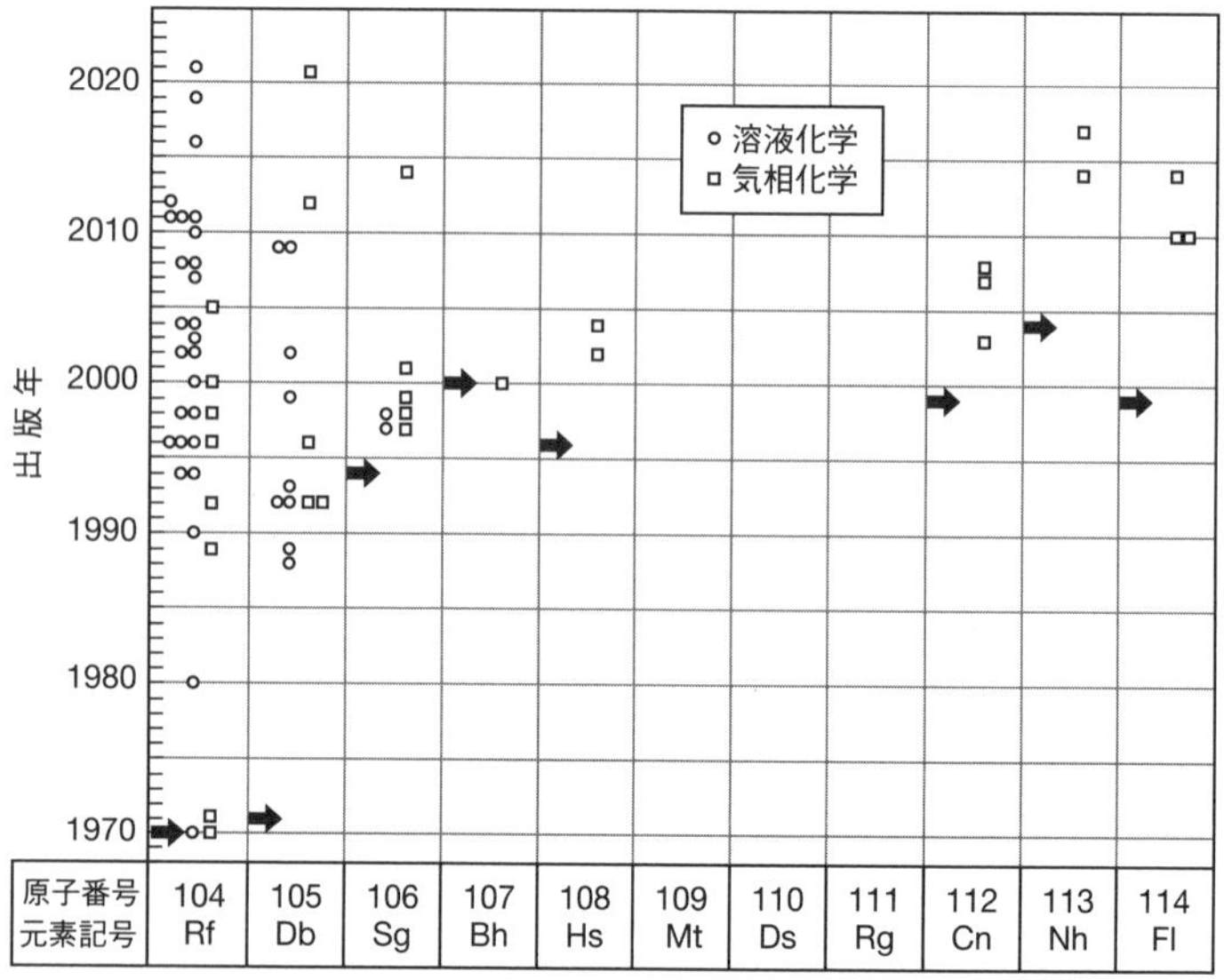

図 11・4　超重元素の化学的性質に関わる実験的研究論文の発表
（2021 年 11 月現在）　溶液系の化学実験を丸印で，気相系の化学実験を四角印で示す．矢印は化学実験に利用できる長寿命の同位体の発見年．

される溶媒抽出実験の概念図を示します。通常の化学では、二相間に存在する物質量（濃度）を用いて、分配平衡が議論されます。ところが、単一原子の化学では、一個の原子が同時に二つの相に存在することはありえないため、一個の原子を用いた実験を何度も繰返すことによって、どちらの相で観測されやすいかという確率として、二相間の分配平衡が議論されます。特に、何段もの分配過程を経るクロマトグラフ法は、超重元素の化学分析法として適しています。今日まで、超重元素の単体あるいは化合物の揮発性を調べるガスクロマトグラフ法や、イオン交換や溶媒抽出挙動を調べる液体クロマトグラフ法を用いて、超重元素の化学的性質が調べられてきました。

超重元素の化学実験は、これまで大強度の重イオン加速器を所有する米国ローレンス・バークレー国立研究所（ＬＢＮＬ）、ロシア合同原子核研究所（ＪＩＮＲ）、ドイツ重イオン研究所（ＧＳＩ）、スイスポール・シェラー研究所（ＰＳＩ）(注1)、フランスオルセー核物理学研究所（ＩＰＮ Ｏｒｓａｙ）(注2)、日本原子力研究開発機構（原子力機構）、理化学研究所（理研）、中国科学院近代物理研究所（ＩＭＰ）で行われてきました。図11・4に、104番元素ラザホージウムRfから114番元素フレロビウムFlまでの超重元素について、それらの化学的性質が実験的に調べられた年を示します。

溶液系の化学実験を丸印で、気相系の化学実験を四角印で区別しました。矢印は、化学実験に利用できる長寿命の同位体の発見年です。原子番号が大きくなればなるほど、化学実験に利用できる同位体の生成率が小さくなり、また、半減期も短くなるため、研究論文の数は減少していきます。特に、シーボーギウムSg以降は数報の報告があるだけで、化学的性質はほとんどわかっていませ

（注1） Paul Scherrer Institut（PSI）
（注2） Institut de Physique Nucléaire Orsay（IPN Orsay）

ん。109番元素マイトネリウムMt、110番元素ダームスタチウムDs、111番元素レントゲニウムRgの三元素、115番元素モスコビウムMc以降の元素については、二〇二一年一一月の時点で、報告例はありません。

寿命とのたたかい

究極の化学分析

超重元素の化学実験に利用することができる長寿命の同位体は、加速器で加速したネオンNeやカルシウムCaなどの重イオンをアメリシウムAmやキュリウムCmなどのアクチノイド元素の標的に衝突させ、核融合反応によって合成されます。

表 11・1　超重元素の化学実験に用いられる同位体の例

原子番号	核　種[†1]	半減期〔秒〕	核反応	生成率[†2]
104	$^{261}Rf^{a}$	68	$^{248}Cm(^{18}O, 5n)^{261}Rf^{a}$	5.9 原子/分
105	^{262}Db	34	$^{248}Cm(^{19}F, 5n)^{262}Db$	1.0 原子/分
106	$^{265}Sg^{a}$ $^{265}Sg^{b}$	8.7 14.4	$^{248}Cm(^{22}Ne, 5n)^{265}Sg^{a}$ $^{248}Cm(^{22}Ne, 5n)^{265}Sg^{b}$	4.9 原子/時間 5.5 原子/時間
107	^{266}Bh	10.0	$^{248}Cm(^{23}Na, 5n)^{266}Bh$	1.6 原子/時間
108	^{269}Hs	9.7	$^{248}Cm(^{26}Mg, 5n)^{269}Hs$	4.6 原子/日
112	^{283}Cn	4.2	$^{242}Pu(^{48}Ca, 3n)^{287}Fl \longrightarrow {}^{283}Cn$	2.4 原子/日
113	^{284}Nh	0.91	$^{243}Am(^{48}Ca, 3n)^{288}Mc \longrightarrow {}^{284}Nh$	5.7 原子/日
114	^{288}Fl ^{289}Fl	0.66 1.9	$^{244}Pu(^{48}Ca, 4n)^{288}Fl$ $^{244}Pu(^{48}Ca, 3n)^{289}Fl$	3.5 原子/日 1.3 原子/日

†1 同じ原子番号と質量数をもつが，原子核のエネルギー状態が異なる（核異性体）ため，右肩に“a”，“b”を付けて区別する．
†2 標的の厚さを 500 μg/cm^2，入射粒子数を 6.25×10^{12} イオン/秒と仮定.

表11・1に示したように、中性子が豊富な入射粒子と標的核の核融合反応で生成する、できるだけ半減期の長い同位体が化学実験に使用されてきました。

最も半減期の長い質量数261の104番元素ラザホージウムでも、その値は六八秒です。質量数284の113番元素ニホニウムNhにいたっては〇・九一秒です。このため、超重元素の化学実験は、生成した貴重な一個の原子を対象とし、加速器のすぐそばに超重元素合成装置に直結した迅速かつ高感度の化学分析装置を開発して行われてきました。

超重元素の同定は、放射性同位体のアルファ壊変や自発核分裂壊変に伴って放出されるアルファ粒子や核分裂片を観測することによって行われてきました。放射線は、原子核（原子）一個から出てくる固有の信号です。すなわち、放射壊変を捉えれば、たとえ一個の原子でも化学分析して検出できるのです。超重元素の化学は、究極の化学分析といえるでしょう。

表 11・2　超重元素の気相系における化学実験の対象となった化学種

原子番号	元素記号	化学種
104	Rf	Rf（単体），$RfCl_4$，$RfBr_4$，$RfOCl_2$
105	Db	$DbCl_5$，$DbBr_5$，$DbOCl_3$
106	Sg	SgO_2Cl_2，$SgO_2(OH)_2$，$Sg(CO)_6$
107	Bh	BhO_3Cl
108	Hs	HsO_4，$Na_2[HsO_4(OH)_2]$
112	Cn	Cn（単体）
113	Nh	Nh（単体）
114	Fl	Fl（単体）

表11・2に、これまで気相系における化学実験の対象となった超重元素の化学種をまとめました。104番元素ラザホージウムRfから108番元素ハッシウムHsまでと、112番元素コペルニシウムCn、113番元素ニホニウムNh、114番元素フレロビウムFlについての報告があります。元素単体や、フッ素F、塩素Cl、臭素Brが結合したハロゲン化物、さらに酸素Oも結合したオキシハロゲン化物、酸素のみが結合した酸化物、一酸化炭素CO分子が結合したカルボニル錯体などの化学合成と物性研究が行われてきました。

表11・3には、溶液系における化学実験の対象となった超重元素の化学種をまとめました。溶液化学は、気相化学に比べて化学反応や放射線源の作製に時間がかかるため、これまで実験が行われた超重元素は、104番元素ラザホージウムRfから106番元素シーボーギウムSgまでです。しかし、溶液化学では、多様な

表 11・3　超重元素の溶液系における化学実験の対象となった化学種

原子番号	元素記号	化学種†
104	Rf	RfF_3^{+}, RfF_6^{2-}, RfF_n^{4-n}, $RfCl_6^{2-}$, 硫酸塩錯体, $Rf(H_2O)_x(OH)^{3+}$, $Rf(OH)_4$, Rf(α-HIB), $RfCl_4(TBP)_2$, $RfBr_4(TBP)_2$, $RfCl_4\cdot 2(TOPO)$, $Rf(NO_3)_2(DBP)_2(HDBP)_2$
105	Db	フッ化物錯体, $DbOF_5^{2-}$, DbF_6^{-}, DbF_7^{2-}, $HDbF_7^{-}$, 陽イオン種, $Db(OH)_n^{(5-n)+}$, $DbCl_6^{-}$, $DbOCl_4^{-}$, $Db(OH)_2Cl_4^{-}$, $DbOBr_5^{2-}$, Db(α-HIB)
106	Sg	SgO_2F_2, $SgO_2F_3^{-}$, $Sg(OH)_n(H_2O)_{(6-n)}^{(6-n)+}$

† HIB: ヒドロキシイソ酪酸, TBP: リン酸トリブチル, TOPO: トリオクチルホスフィンオキシド, DBP: フタル酸ジブチル, HDBP: リン酸ジブチル.

化学試薬を利用でき、表11・3に示したようにさまざまな化学種を対象として実験が行われてきました。

本書では、超重元素の化学実験の実例として、わが国の原子力機構で行われたラザホージウムの塩化物およびフッ化物錯体の溶液化学実験、理研でのシーボーギウムのカルボニル錯体の気相化学実験、ロシア合同原子核研究所でのニホニウム原子の気相化学実験について紹介します。

104番元素ラザホージウムRfの化学実験

二〇〇二年から二〇一二年にかけて、わが国の原子力機構の研究者らは、104番元素ラザホージウムの溶液化学研究において多数の研究成果を発表してきました。実験対象はラザホージウム261、六八秒という短い半減期で壊変する同位体です。

まず、加速器で加速した酸素18イオンビームを、キュリウム248標的に照射し、実験対象であるラザホージウム261を合成しました。標的からとび出したラザホージウムは、ヘリウムガスのジェット気流によって数秒のうちに高速イオン交換クロマトグラフ装置（ＡＩＤＡ）(注3)へと迅速に搬送

（注3）Automated Ion-exchange separation apparatus coupled with the Detection system for Alpha-spectroscopy（AIDA）

されます。この装置は、超小型カラムを合計四〇本装備し、アルファ線測定装置と結合しているため、溶液化、イオン交換・溶媒抽出といったカラム分離からアルファ線測定までの一連の操作を、コンピュータ制御により自動的に繰返し高速で行うことができます。

原子力機構の研究者らは、この分離操作を数千回繰返し、さまざまな溶液におけるラザホージウムのイオン交換樹脂や抽出樹脂への吸着挙動を系統的に調べました。

溶液には塩酸、硝酸、フッ化水素酸、硫酸が使われました。一例として、図11・5aに、一八九三回ものイオン交換実験から得られた、塩酸中でのラザホージウムRfの陰イオン交換挙動を示します。ラザホージウムと同族の軽い元素であるジルコニウムZrとハフニウムHfの挙動もあわせて示します。塩酸濃度、すなわち、塩化物イオン濃度の増大とともに、−1の電荷をもつ塩化物イオンが次々とラザホージウムに配位し、陰イオンのラザホージウム錯体が生成して陰イオン交換樹脂に吸着します。わずかに吸着率の違いはみられますが、ラザホージウムは同族のジルコニウムやハフニウムと非常によく似た吸着挙動を示しました。塩酸濃度が7M以上になると吸着率が急激に増大するのは周期表第4族元素に特徴的な性質で、ラザホージウムが第4族元素であることを示すものです。

一方、フッ化水素酸中では驚くべき結果が報告されました。ここでは、四二二六回にも及ぶイオン交換実験から、ラザホージウム261とそのアルファ壊変により生成する102番元素ノーベリウム257

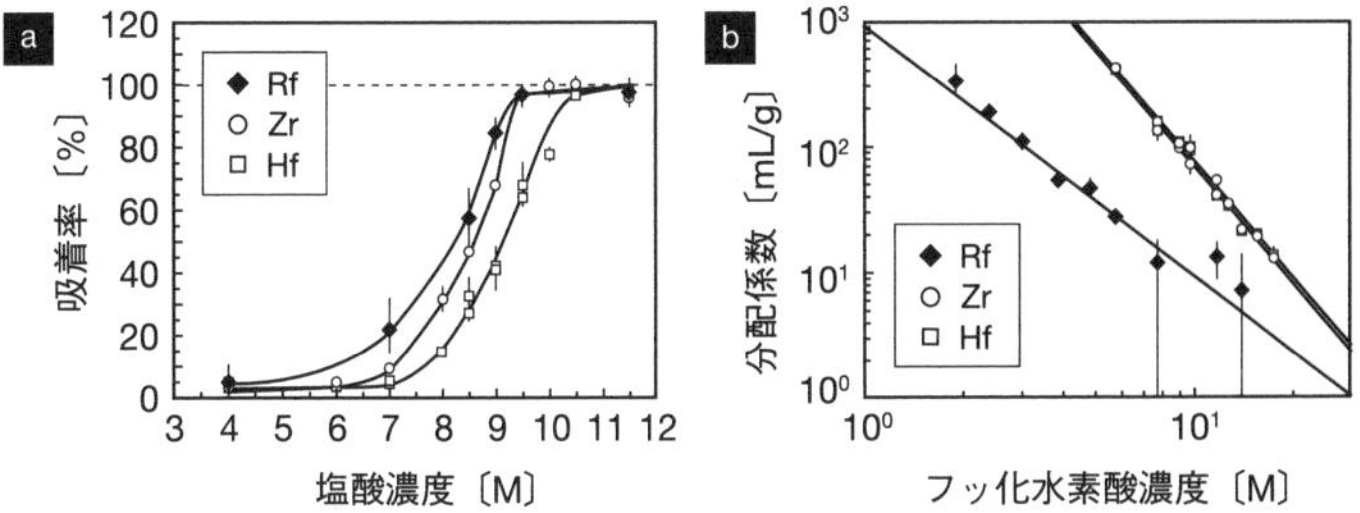

図 11・5　ラザホージウム（Rf）とジルコニウム（Zr），ハフニウム（Hf）の，陰イオン交換樹脂に対する a）吸着率の塩酸濃度変化と b）分配係数のフッ化水素酸濃度変化　Rf，Zr，Hf は同族元素．a）Rf は，塩化物イオン（Cl^-）濃度の増大とともに $RfCl_6^{2-}$ が生成し，陰イオン交換樹脂に吸着する．Rf の吸着挙動は Zr や Hf と非常によく似ている．b）フッ化水素酸中で Zr と Hf は ZrF_7^{3-} と HfF_7^{3-} を形成するが，Rf は RfF_6^{2-} を形成すると推測された．〔a）H. Haba ほか，*J. Nucl. Radiochem. Sci.*, **3**, 143 (2002)，b）H. Haba ほか，*J. Am. Chem. Soc.*, **126**, 5219 (2004)〕

のアルファ線が二六六個観測されました。一六回のイオン交換分離でようやく一個のラザホージウム原子をつかまえたことになります。図11・5bでは、「分配係数」とフッ化水素酸濃度との関係を両対数でプロットしてあります。分配係数は、イオン交換樹脂に対する元素の吸着度に相関しています。

ジルコニウムとハフニウムはまったく同じ分配係数の値を示しますが、ラザホージウムの値はそれらとは異なり小さい値です。さらに、ラザホージウムの分配係数の減少度合がジルコニウムやハフニウムよりも緩やかなことから、フッ化水素酸中で生成する化学種がジルコニウムやハフニウムとは異なることが推測されました。他の同族元素とラザホージウムの性質が明らかに異なることが、相対論効果に起因しているのか、今後、詳細な理論計算を含めた検討が必要です。

106番元素シーボーギウムSgの化学実験

106番元素シーボーギウムは、一九七四年に米国カリフォルニア大学ローレンス・バークレー研究所において合成され、それ以来、第7周期第6族元素として周期表上に並べられてきました。

シーボーギウムと同じ第6族のモリブデンMoやタングステンWは、一酸化炭素CO分子が六分子配位した揮発性の高いヘキサカルボニル錯体を形成することが知られています（図11・6）。この性質は、周期表第6族元素に特徴的な性質です。同じ第6族におかれたシーボーギウムは、周期性に従ってモリブデンやタングステンと同じヘキサカルボニル錯体を形成するのでしょうか。

理研の研究者らは、ドイツ重イオン研究所やわが国の原子力機構など、計一四機関と大規模な国際共同研究グループを組織

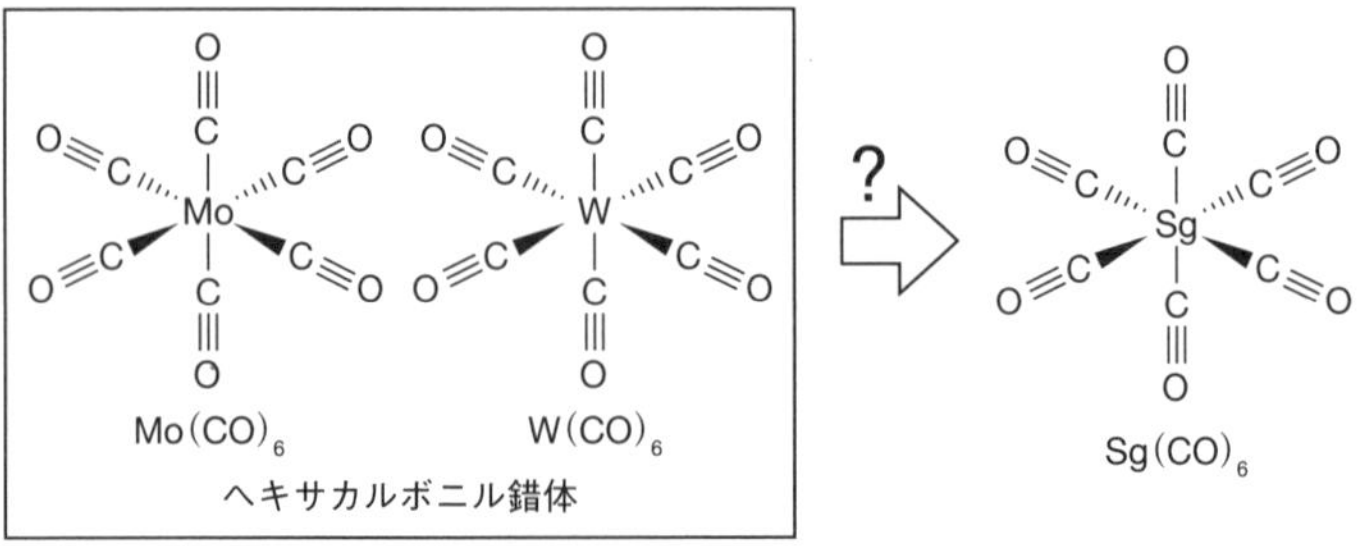

図 11・6　シーボーギウム（Sg）は同族元素のモリブデン（Mo），タングステン（W）と同様にヘキサカルボニル錯体を形成するか

し、113番元素ニホニウムの発見に用いられた理研重イオン線形加速器と気体充填型反跳核分離装置（GARIS《ガリス》）を用いて、シーボーギウムのカルボニル錯体の化学合成に挑戦しました。実験の概略図を図11・7に示します。

まず、ネオン22ビームをキュリウム248標的に照射して、質量数265のシーボーギウムの同位体を合成しました。シーボーギウム265の半減期は一〇秒程度で、その生成率は一時間にわずか一原子程度でした。実験グループ

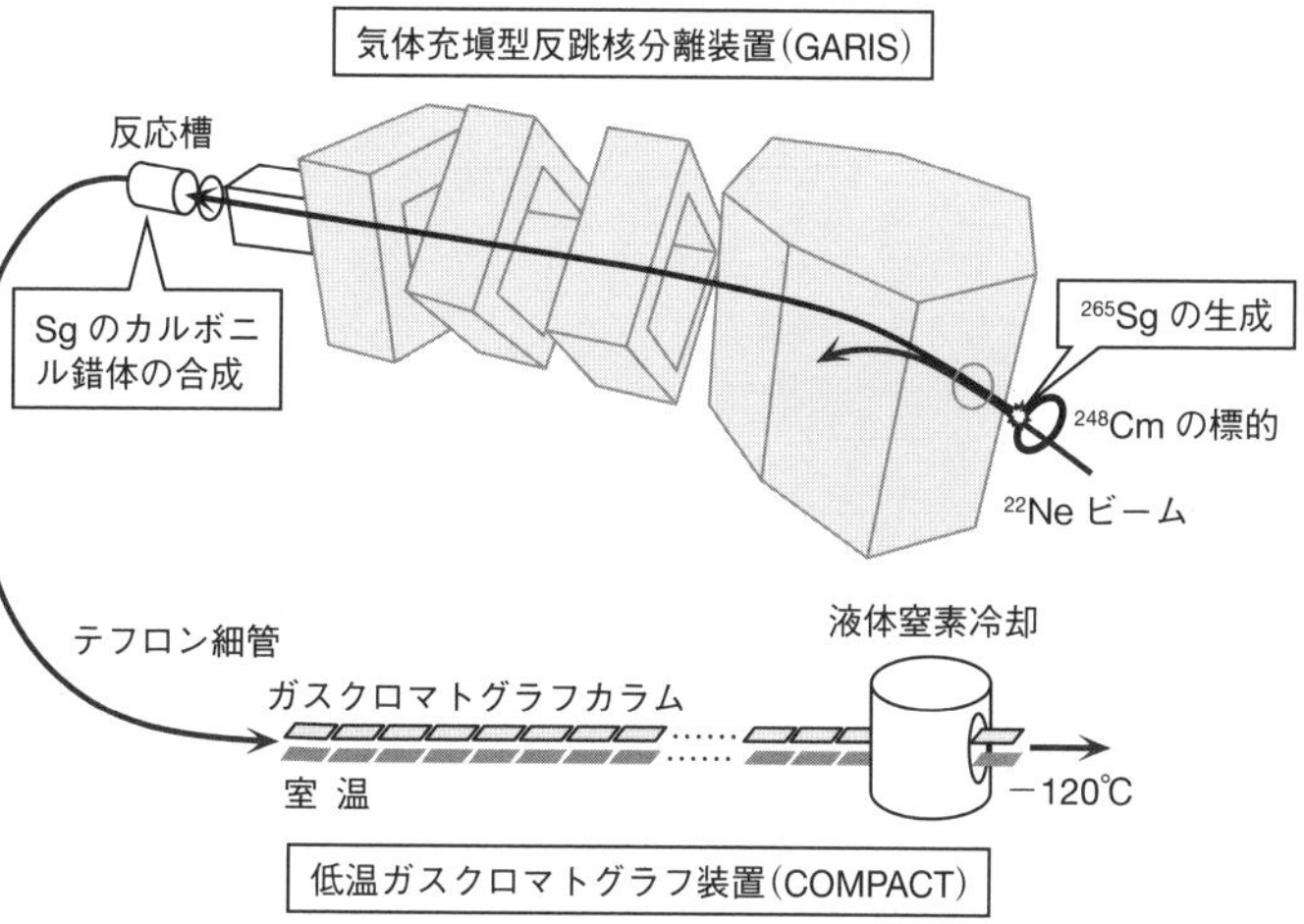

図 11・7　シーボーギウム（Sg）のカルボニル錯体 Sg(CO)$_6$ 合成実験の概略図　標的から反跳脱出した ^{265}Sg イオンを気体充填型反跳核分離装置（GARIS）によってビームや副反応生成物から質量分離し，ヘリウム（He）と一酸化炭素（CO）の混合ガスを満たした反応槽内で Sg のカルボニル錯体 Sg(CO)$_6$ を合成する．得られた錯体をジェット気流によって数秒のうちに化学実験室に運び，低温ガスクロマトグラフ装置（COMPACT）を用いて化学分離，放射線計測する．

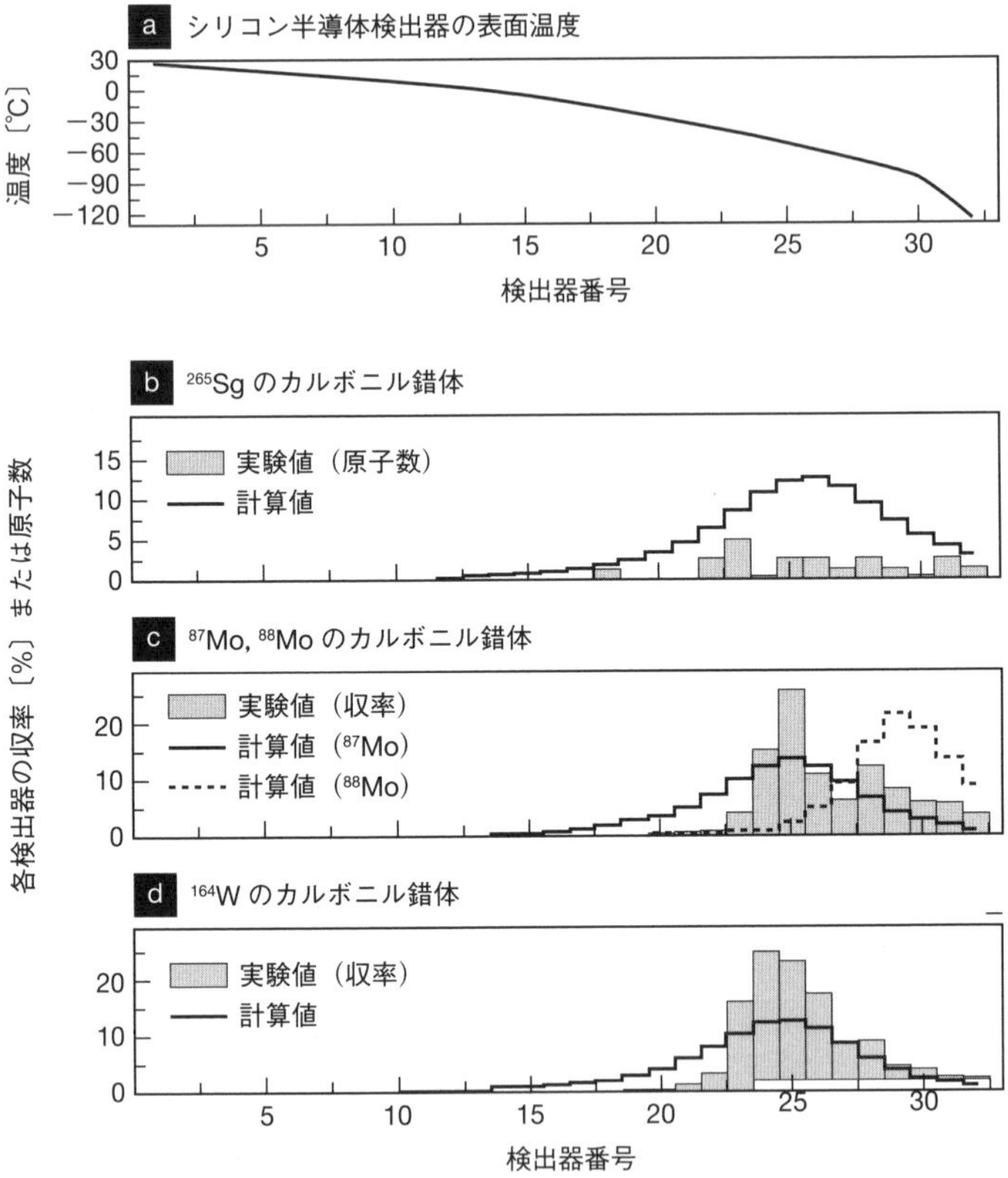

図 11・8　シーボーギウム（Sg）とモリブデン（Mo），タングステン（W）のカルボニル錯体の吸着分布　Sg，Mo，W は同族元素である．a）温度勾配のかかった各検出器の表面温度を示す．棒グラフは実験値で，^{265}Sg のカルボニル錯体（b），^{87}Mo と ^{88}Mo のカルボニル錯体（c），^{164}W のカルボニル錯体（d）がどの検出器にどれだけ吸着したかを示している．一方，折れ線グラフはモンテカルロシミュレーションにより求めた吸着分布を示す．この解析から，揮発性の指標となる「吸着エンタルピー」の値も，Mo や W のヘキサカルボニル錯体と同程度であることが明らかになった．〔J. Even ほか，*Science*, **345**, 1491（2014）〕

は、このシーボーギウム265を、GARISを用いてビームや副反応生成物から質量分離し、ヘリウムと一酸化炭素の混合ガスで満たした反応槽内へと速やかに導き停止させました。ここでシーボーギウムに一酸化炭素分子を配位させ、生成したカルボニル錯体をガス流によって数秒のうちに化学実験室に引き出し、低温ガスクロマトグラフ装置（COMPACT）(注4)を用いて、化学分離と放射線計測を行いました。COMPACTのガスクロマトグラフカラムは、ガスの流路に沿って三二対のシリコン半導体検出器が並べられており、検出器には温度勾配がかけられています（図11・7）。カルボニル錯体がどの表面温度の検出器に吸着したかを調べることによって、揮発性を調べることができます。

一七日間にもわたる加速器実験の結果、質量数265のシーボーギウムに起因するアルファ壊変または自発核分裂壊変を計一八事象観測することができました。また、シーボーギウムSgの化学的性質を同族のモリブデンMoやタングステンWの性質と比較するため、同じ実験装置を用いてモリブデンとタングステンのカルボニル錯体の合成実験も行われました。図11・8bにシーボーギウム265のカルボニル錯体のCOMPACT検出器に対する原子数の分布を、図11・8cにモリブデン87、モリブデン88、図11・8dにタングステン164のカルボニル錯体の収率分布と比較して示し

（注4）Cryo-Online Multidetector for Physics And Chemistry of the Transactinides（COMPACT）

ます。

これらのカルボニル錯体は、同じ表面温度の検出器に吸着することがわかります。カラム温度に対するシーボーギウム265の収率分布（図11・8b）から、シーボーギウムがモリブデンやタングステンと同様な揮発性の高いカルボニル錯体を形成することが明らかになりました。その後、理論計算より、シーボーギウムがヘキサカルボニル錯体（図11・6参照）を形成していると結論付けることができました。こうして、シーボーギウムが周期表の第6族元素に特徴的な化学的性質をもつことを初めて実証できました。

113番元素ニホニウムNhの化学的性質は？

113番元素ニホニウムは、周期表上でタリウムTlの下、第7周期第13族におかれています。しかし、ニホニウムは、強い相対論効果の影響で7s軌道と$7p_{\frac{1}{2}}$軌道が安定化し、電子構造が閉殻となり、その結果、化学的性質は貴ガス元素のように単体原子の状態で揮発性が高く、化学的不活性を示すことが予測されています。

二〇一七年、ロシア合同原子核研究所の研究者らは、Ｕ４００サイクロトロンで加速したカルシウム48イオンをアメリシウム243標的に照射し、まず質量数288と289の115番元素モスコビウムを合成しました。そして、ＧＡＲＩＳと同様なドブナ気体充填型反跳核分離装置を用いてこれらの同位体を質量分離し、アルゴンガスで満たされたチャンバー内で停止させました。モスコビウム288とモスコビウム289は、それぞれ一六四ミリ秒と三三〇ミリ秒の半減期で直ちにニホニウム284とニホニウム285にアルファ壊変します。ロシアの研究者らは、生成したニホニウム原子をアルゴンのジェット気流にのせ、テフロン細管を通して前述のCOMPACT（図11・7参照）とよく似たガスクロマトグラフ装置へと搬送し、ニホニウム原子の揮発性の指標となる物理量「吸着エンタルピー」を求めようと試みました。

しかし、この実験では、ニホニウム284やニホニウム285の壊変は一事象も観測されませんでした。この結果から、ニホニウム原子は、ガスクロマトグラフ装置に到達する前、室温でテフロン細管内に吸着したと考えられ、揮発性は予想よりも低いことがわかりました。

現在、ドイツ重イオン研究所でも同様なニホニウム原子を対象とした気相化学実験が進められています。ニホニウムの化学研究は始まったばかりです。日本の名を背負ったニホニウムはどのような化学的性質を示すのでしょうか。今後の研究の進展がとても楽しみです。

おわりに

本書では、アジア初、日本発の新元素となったニホニウムの誕生について、山あり谷ありの道のりを紹介してきました。ニホニウムNhは、九年もの年月をかけ、たった三原子が合成されたにすぎません。その寿命は二ミリ秒と短く、瞬く間に別の元素の原子へと壊変していきました。ニホニウムはすぐにはわれわれの生活に直接役に立つことはないでしょう。では、新元素を探索すること、またその性質を研究することの意義はどこにあるのでしょうか。

元素の周期表は、小学校や中学校の教科書にも掲載される科学の基本表です。周期表には、古代より人類が発見してきた一一八種類もの元素が規則正しく並べられています。日本の子供たちがこのなかに母国にちなんだ名前をもつ元素を見つけ、科学に興味をもつきっかけとなることが、まずわが国の将来の科学技術と社会の発展に大切です。元素は、私たちの体から地球、宇宙まで、すべてのものをつくる大切な素です。発見されたばかりの新元素の性質は未知です。当然、すぐにわれわれの生活に利用することはできません。しかし、新元素はわれわれに未来を拓く大切な知識を与えてくれます。新元素が秘める知識によって、ものをつくるすべての原子核、原子や分子の理解が一層深まります。また、新元素を探し求めるなかで、新しい技術や装置が発明されていきます。これらの知識や発明は、新しい元素の応用を生み出し、われわれの未来の生活を豊かにしていきます。

一九三七年、イタリアのセグレらは、周期表の空欄であった原子番号43の新元素を探すため、サイクロトロンを用いて質量数2の水素を照射したモリブデンの中から、テクネチウムTcを発見しました。その後、テクネチウムの物理的性質や化学的性質が調べられ、現在では質量数99の同位体が、病院で脳血流、甲状腺機能、心臓機能、肝臓機能、がん骨転移の診断に利用されています。発見から八〇年以上経った今日、わが国で年間一〇〇万件に近いテクネチウム99mを用いた医療診断が行われています。人類二つ目の人工元素は、85番元素アスタチンAtです。一九四〇年、コーソン、マッケンジー、セグレは、サイクロトロンで加速したアルファ粒子をビスマスに照射して、新元素アスタチンを発見しました。質量数211のアスタチンは、次世代のがん治療医薬品に期待され、近年わが国を中心として研究が盛んに進められています。ニホニウムも、一〇〇年後には有用な性質が明らかとなり、実用的な量が製造され、われわれの生活に役立っているかもしれません。

二〇一六年一一月二八日、113番元素ニホニウム、115番元素モスコビウム、117番元素テネシン、118番元素オガネソンの四元素が国際純正・応用化学連合（IUPAC《アイユーパック》）によって承認され、元素周期表の第7周期が完成しました。二〇一九年は、メンデレーエフが周期表を発表してから一五〇周年の節目でした。周期表は今後どのように進化していくのでしょうか。五〇年後、周期表誕生二〇〇周年を迎えるころ、周期表はどのような姿をしているのでしょうか。すでにドイツ、ロシアや日本で探索が始まっている119番や120番元素が発見されれば、元素周期表に新しい周期、すなわち第8周期が加わる画期的な成果となるでしょう。わが国には、超重元素をつくり出すことができる世界最先端の重イオン加速器施設があります。本書を読んだ子供たち、学生や若手研究者が新元素に魅了され、核図表の地図に記された安定の島に眠る財宝を手にしてくれることを期待しています。

最後に、本書を執筆する機会を与えてくださった東京化学同人月刊誌「現代化学」編集室 江口悠里室長、原稿に貴重なご意見をくださった東京化学同人編集部 杉本夏穂子氏ならびに中町敦生氏に心から感謝申し上げます。本書のカバーは、核図表をイメージしています。カバーの製作にご協力いただいた、同僚の宮内成真氏に感謝いたします。

二〇二一年一一月

羽場宏光

参 考 資 料

1. 羽場宏光，“ニホニウムはいかにして誕生したのか 1−12”，現代化学，No. 565−576 (2018−2019).
2. 鈴木志乃，“3 個目の 113 番元素を合成：元素命名権の獲得に近づく”，理研ニュース，No. 379，6 (2013).
3. 羽場宏光，“超重元素の合成：原子番号 113 以降の超重元素の合成と発見”，*RADIOISOTOPES*，**67**，277 (2018).
4. 羽場宏光，“元素周期表の新時代：119 番以降の新元素を求めて”，現代化学，No. 594，43 (2020).
5. 羽場宏光 監修，「イラスト図解 元素」，日東書院 (2010).
6. 桜井 弘 編，「元素 118 の新知識 引いて重宝，読んでおもしろい」，講談社 (2017).
7. 桜井 弘 編，「生命元素事典」，オーム社 (2006).
8. E. Fluck, K.G. Heumann, “Periodic Table of the Elements”, 4th ed., Wiley-VCH (2007).
9. J. Magill, R. Dreher, and Z. Sóti, “Karlsruher Nuklidkarte”, 10th ed., Nucleonica (2018).
10. H. K. Yoshihara, ‘Nipponium as a new element (Z=75) separated by the Japanese chemist, Masataka Ogawa: a scientific and science historical re-evaluation’, *Proc. Jpn. Acad., Ser. B*, **84**, 232 (2008).
11. 理化学研究所ウェブサイト (https://www.riken.jp/)
12. 国際純正・応用化学連合 (IUPAC) ウェブサイト (https://iupac.org/)
13. フレロフ原子核研究所ウェブサイト (http://flerovlab.jinr.ru/)
14. 羽場宏光，永目諭一郎，“ここまでみえてきた！ 超重元素の化学的性質”，現代化学，No. 405，32 (2004).
15. “この人に聞く 113 番元素の合成に成功した森田浩介博士”，現代化学，No. 503，24 (2013). 東京化学同人ホームページで公開.

ま　行

よ，ら行

な　行

は　行

さ　行

た　行

索　引

あ 行

か 行

羽《は》 場《ば》 宏《ひろ》 光《みつ》

1971 年 石川県生まれ．1999 年金沢大学大学院自然科学研究科物質科学専攻博士課程修了．博士（理学）．日本原子力研究所先端基礎研究センター 博士研究員を経て，2002 年基礎科学特別研究員として理化学研究所（理研）入所．2004 年研究員，2007 年専任研究員，2011 年チームリーダーを経て，2018 年より仁科加速器科学研究センター RI 応用研究開発室 室長．理研入所後直ちに 113 番元素探索プロジェクトに参画し，2004 年 113 番元素同位体の合成，2015 年 113 番元素の命名権獲得，2016 年「ニホニウム」命名に貢献．さらに，理研の重イオン加速器を用いて，周期表の全領域にわたるラジオアイソトープ（RI）の製造開発を行いながら，新元素の化学からがん治療まで，さまざまな RI 応用研究を推進している．著書に「イラスト図解 元素」（監修，日東書院，2010），「元素 118 の新知識 引いて重宝，読んでおもしろい」（共著，講談社，2017），「元素検定 2」（共著，化学同人，2018）などがある．

新元素ニホニウムは
いかにして創られたか

羽 場 宏 光 著

2021 年 12 月 15 日 第 1 刷 発行

ISBN978-4-8079-0987-2

発行者
住 田 六 連

発行所
株式会社 東京化学同人

東京都文京区千石 3-36-7（〒112-0011）
電話 (03) 3946-5311
FAX (03) 3946-5317
URL http://www.tkd-pbl.com/

印刷・製本 日本ハイコム株式会社

Printed in Japan